菇的 呼風喚雨史

顧曉哲 ——— 著

林哲緯 ——— 繪

Beckoning the Wind,
Summoning the Rain.
Stories of Mushroom

從餐桌、工廠、實驗室、戰場到農田
那些人類迷戀、依賴或懼怕的真菌與它們的祕密生活

◆ 暢銷修訂版 ◆

導言

　　自然界的生物都有一套解決困境的方式，有時為了求生存，甚至能呼風喚雨。用「呼風喚雨」一詞形容某些生物的本領，一點也不誇張，且容我道來。以往，人們認為真菌孢子的傳播需要靠風力，但如果遇到無風無雨的日子呢？真菌就不用混了嗎？才不是，沒有老天爺的幫忙，真菌還可以靠自己。核盤菌（*Sclerotinia sclerotiorum*）能幾乎在同一時間釋放出數以萬計的孢子，這些孢子會聚集成一片羽狀物，將空氣阻力降至接近於零，即使在無風的狀況下，這群孢子自己就能產生一股空氣流（一陣風），將所有孢子一起「吹」向更遠處；具菇蕈外型的大型真菌──擔子菌（*Basidiomycota*），會利用水分的蒸散來冷卻其周圍的空氣，如此就能產生一股氣流，攜帶孢子飄向更遠的地方。雖然這一陣真菌產生的「風」很小，不過也算是貨真價實的「呼風」。那「喚雨」呢？全球每年會有數以百萬噸的真菌孢子飄散到大氣中，這些孢子會在大氣中凝結水並變成雲霧，這種現象尤其在熱帶雨林更常見。當水分凝結夠多夠重的時候，一場「孢子雨」就開始了。看似不太起眼的菇，其實在某種程度上主宰著熱帶雨林的存亡，而熱帶雨林對於全球環境至關重要。換句話說，「菇」間接影響著我們的生活與環境，甚至也在人類歷史中，扮演著舉足輕重的角色。

什麼是真菌？

「真菌」為何物？是蘑菇嗎？還是有更深的定義？再者，為什麼被稱作「真菌」？那有「假菌」嗎？

現代微生物學定義下的「菌」通常指的是「細菌」，也就是不具細胞核的「原核生物」。「真菌」的名稱由來，是因為其具有細胞核，屬於「真核生物」，而且在孢子階段的「真菌」是必須用顯微鏡才觀察得到的「菌」。為了與「細菌」作區隔，而將之稱為「真菌」（沒有「假菌」啦）。

也許各位對「真菌」這個名稱感到陌生，但「蘑菇」應該就比較熟悉了，蘑菇是一群屬於擔子類真菌的通稱。人類採集與食用蘑菇的歷史悠久，然而人們真正開始試圖去了解「蘑菇」為何物，可以追溯到西元前 371 至 288 年，當時的希臘哲學家泰奧弗拉斯托斯（Theophrastos）曾嘗試將「植物」作系統性的分類。在他所創造的分類系統中，「蘑菇」被歸類為「不完整的植物」，是「缺乏某些器官」的「植物」。經過幾百年之後，羅馬帝國時代的博物學家老普林尼（Pliny the elder）在百科全書《自然史》（*Naturalis historia*）當中，記載著對於「松露」的描述，松露也是真菌大家族的一員。

雖然人們開始試圖去了解真菌，但結論都局限於不夠深入的觀察而來，也就是「真菌是植物的一個分支」。到了中世紀（五至十五世紀），狀況有稍微改善，人們對於「真菌」的認識有了一些增加與進展，再加上當時印刷技術改良，有些作家開始發表著作，對於舊書籍裡面有關「蘑菇」的誤解與迷信釋疑。不過，這些釋疑於現在看來仍然有很多誤解。1552 年德國的植物學家博克（Jerome Bock）就認為松露是由土裡的腐木或是腐爛的東西產生的。即使到了 1665 年，虎克（Robert Hooke）已發明顯微鏡，並藉由顯微鏡的觀察發現毛黴屬（*Mucor*）真菌的顯微結構，十七世紀的人們仍然相信真菌是從腐敗的物質中「自然產生」的。

現代真菌學之父：狄伯瑞

1729 年，一位義大利的植物學家、同時也是天主教神父的米凱利（Pier Antonio Micheli），於義大利佛羅倫斯出版了《植物新屬》（*Nova plantarum genera*）。這本書奠定了「草」、「苔蘚」和「真菌」的系統分類基礎，也開啟了「現代真菌學」的大門。為了讚頌米凱利的貢獻，《美國業餘真菌學期刊》（*Mcllvainea*），推崇米凱利為現代真菌學之父（father of modern mycology，2000 年）。然而，「真菌學」（mycology）與相對應的「真菌學家」（mycologist）這兩個名詞，直到一百多年後的 1836 年才首次被柏克萊（Miles Joseph Berkeley）所使用。柏克萊是植物病理科學的先驅與這門學科的創立者之一，又被稱為「英國真菌學創始人」。不過，「真菌學」真正成為一門學科，是拜 1840 年代一名德國外科醫生（也是真菌學家）狄伯瑞（Heinrich Anton de Bary）所賜。因此，他也同樣被稱為「現代真菌學之父（創始人）」（founder of modern mycology）。

生物學家們經過了長時間的努力研究與辯證，讓真菌驗明正身、離開植物界並且有了自己的歸屬，然而如今，一般大眾對真菌的觀念仍然停留在兩千三百年前，希臘哲學家泰奧弗拉斯托斯口中的「不完整的植物」。甚至有的書籍裡還是用「真菌類植物」來描述一朵蘑菇。之後，由於知識的廣博與普及，我們知道，蘑菇不僅種類繁多，而且類別繁複，大部分必須要以顯微鏡來觀察，才能了解其形態與分類。以往，因為擔子菌（大部分的大型真菌，也就是野外常見的各種蘑菇）容易觀察，所以書籍中多出現擔子菌，分類也因此簡單。

植物學家與真菌

◆

真菌的研究一直被歸在植物研究的範圍之內。早期，人們把真菌當成植物，甚至現在一般大眾還是有這樣的觀念。所以，即使是研究真菌的真菌學家，在幾個世紀前也都自稱為植物學家。一直到 1969 年，惠特克（Robert Harding Whittaker）提出了生物五界的概念，真菌才正式從植物界獨立出來。生物五界是依照生物的營養攝取方式來區分，分別為動物界、植物界、原核生物界、原生生物界還有真菌界。

例如 1703 年《吳菌譜》對菇的簡單分類方法:「出於樹者為蕈,生於地者為菌」。不過,現在我們知道,這樣的分類方法是絕對不夠用的。

不要再問野菇能不能吃

在英國念博士班的時候,我曾參加校外的「認識森林菇類」教學活動,由兩位很有經驗的野外採集專家帶隊,他們分別都出版過菇類圖鑑。不免俗的,參加者總是會先問採集到的菇類是否可食用。讓我印象最深刻的是,其中一位專家這樣回答:「我常被問到這樣的問題,我很真心的告訴大家,所有的菇類當然都能吃,只不過有一些菇類,你一生只能品嚐一次。」

真菌所引起的中毒事件,隨著人類歷史發展層出不窮。例如西元前 430 年,希臘詩人歐里庇得斯與家人在伊卡洛斯島(isle of Icaros)上誤食了野外採集而來的蘑菇,妻子、兩個已經長大成人的兒子與一個未出嫁的女兒皆因此中毒身亡。歐里庇得斯寫道:「太陽神啊,禰走過永不老的蒼穹,禰可曾看過一個母親、一個未出嫁的女兒與兩個兒子,在同一天裡逝去,這樣悲慘的事啊?」他是人類歷史上第一個記錄了蘑菇中毒事件的人

不僅在西方國家,遠東地區也有不少古籍記載有蘑菇的故事。例如劉伯溫的《郁離子》〈采山得菌〉中寫道:「粵人有采山而得菌,其大盈箱,其葉九成,其色如金,其光四照。以歸,謂其妻子曰:『此所謂神芝者也,食之者仙。吾聞仙必有分,天不妄與也。人求弗能得而吾得之,吾其仙矣!』乃沐浴,齊三日而烹食之,入咽而死。

其子視之,曰:『吾聞得仙者必蛻其骸,人為骸所累,故不得仙。今吾父蛻其骸矣,非死也。』乃食其餘,又死。於是同家人皆食之而死。」*

*註:中國古書文字並無標點符號,為便於現代人閱讀,故將古文章加入標點符號。

這寓言故事訴說著一個悲慘、無知又過度迷信的故事：一個廣東人到山上遊玩時，採到一個比箱子還要大的菇，它的葉子有九層，顏色如黃金一般，閃閃發光。他把這朵菇帶回家，吃了之後就死了，家人以為他成仙了，紛紛吃下此菇，結果全家人都死了。

除了這些史書裡記載或真或虛擬的中毒事件外，當然，也有一些真菌，有著美麗傳說與美味的應用。例如釀酒酵母菌早在幾千年前，就被人類用來烘焙麵包與釀酒。古埃及人更認為生物發酵作用是神賜給人類的禮物。

近一百年來，由於人們對真菌有了更深入的了解，再加上人類爆炸性地擴張生活版圖，更多為人所熟知的真菌印象，大多是疾病，或是農業災難。

在「真菌學」成為一門獨立的學科之前，「真菌」早已與人類的生活息息相關。根據史前人類的牙結石分析結果，人類在史前時期就開始採集蘑菇作為食物。另外，有一些真菌在歷史上被記載與神祕跟黑暗的勢力有關。羅馬人認為蘑菇和松露是天神朱比特（希臘人稱為宙斯）投擲閃電所致。現今墨西哥和瓜地馬拉的印地安人也認為某些菌類的出現和閃電有關，如毒蠅傘，因此，廟宇中立有「蘑菇石」，象徵偉大的自然力量。在日本的菇農之間也有類似的傳說，敘述在多閃電的日子裡，菇就會大豐收。有趣的是，日本科學家利用高壓電進行維持四年的研究發現，高壓電放電確實會讓香菇與靈芝的出菇量增加。

最後，希望讀者對這本關於真菌的科普書籍，會有不同於一般真菌書籍的全新感受。我不是要教大家認識菇的種類；沒有教種菇；沒有想要用菇拯救世界（如果可以的話），我想帶你翱翔在與菇有關的歷史天空。還有，本書定有不盡理想之處，也盼讀者能不吝指教。

目錄

序幕

史前真菌

在現代，蘑菇已經是常見的食材，不過，真菌在考古這一塊的資訊非常貧乏，原因是它們沒有較硬的結構而且很容易腐爛，較難產生化石，在考古遺址上很少發現。於考古遺址上發現與真菌有關的證據，多是文獻與生活器具上的圖案或壁畫。

最古老的陸生生物

剑橋大學的科學家，在位於英國的內赫布里底群島（inner Hebridean island）及瑞典的哥得蘭島（Gotland island）上，發現了一種比人類頭髮還細的神祕化石。推估這化石的存在年代，幾乎所有的生物都還在大海裡，若陸地上有生物的話，構造也不會比苔蘚來得複雜，而且那時，就連地衣都還沒有演化出現在陸地上。這是由史密斯博士（Martin Smith）在 2016 年所發表的論文當中所敘述的、發現陸生生命形式最古老的化石證據。

由史密斯博士所發現的化石，之後被確認是一種真菌，命名為「古怪管狀真菌」（Tortotubus）。這個研究也說明了真菌可能是地球上第一個從海裡登上陸地的複雜有機體。這種微小的「古怪管狀真菌」出現在距今約四億四千萬年前，是迄今發現最古老的陸生生物化石。這也進一步說明了因為真菌的登陸，提供了富饒的土地，讓其他植物得以上岸生長，並因此吸引動物從海中遷移到陸地。

最大的生物

　　大約從四億兩千萬到三億五千萬年前，陸生植物才由海洋演化登上陸地不久，最高的陸地植物還不到一公尺高。那時候，卻有一種生物竟可以長到八公尺高、一公尺寬。這在 1843 年由加拿大科學家發現、出土於阿拉伯的化石生物，最初被以為是古老的大樹化石。也因為這樣，它被命名為「原杉藻屬」（*Prototaxites*）。即使我們現在已經知道它不是樹，但依照命名法則，這個名稱還是必須要使用，不能更改。後來經過漫長的爭論，有一派科學家認為這個巨無霸是真菌，另一派則認為它是早期的蕨類。雖然在 2007 年經過同位素的研究，幾乎已可以確定它是真菌，不過，這項爭論至今都還沒有令所有人都滿意的結果。不過，認為這高塔般的生物是真菌的人也別太氣餒，如果以「同一顆細胞分裂而來且一直連結在一起」作為單一生物的定義，那地球上最大的生物正是真菌。

　　美國俄勒岡州（Oregon）東部森林，有一株奧氏蜜環菌（*Armillaria ostoyae*）占地九百六十五公頃，估計至少有兩千四百歲。發現這一株奧氏蜜環菌時，是從空照圖中發現一片枯死的森林與其他翠綠的森林形成強烈對比，且呈現圓形，就像培養基上的真菌菌落一樣。進一步調查，才知道那個景觀是由同一株真菌所造成。這「一株」真菌，大約是臺北大安森林公園的三十七倍大。如果以「同一顆細胞分裂而來且一直連結在一起」作為單一生物的定義，那地球上「最大的生物」就是這株真菌。

從舊石器時代開始吃

　　傘菌（*Agaricomycetes*）是很常見且形態非常分歧的真菌。大多數傘菌的子實體（Fruiting body）存在的時間短，又容易腐爛，所以化石證據極為罕見。2017 年，中國的研

究團隊分析了一塊同時困住甲蟲與傘菌的緬甸琥珀，結果發現當中的傘菌具有一億兩千四百萬年的歷史，是目前找到的最古老傘菌。更有趣的是，這些在白堊紀早期（Early Cretaceous）出現的甲蟲，其口器已經演化出專門食用這些真菌的形態了。

　　至於人類最早把蘑菇當成食物的科學證據，在 2015 年，一群以德國科學家為首的國際研究團隊找到了一些線索。德國萊比錫（Leipzig）演化人類學者包爾（Robert Power），帶領國際研究團隊在西班牙坎塔布里亞（Cantabria）爾米龍洞穴（El Mirón Cave）中利用同位素發現，瑪格達蘭尼文化時期（Magdalenian）人類的牙結石當中有植物和蘑菇。這表示舊石器時代後期的人類已經開始食用多種植物性食物和蘑菇，且主要可能是牛肝菌一類的菇類。這項發現將人類食菇的歷史往前推到了舊石器時代。

從銅器時代開始用

　　還有另一個關於食用蘑菇的考古例子，是在義大利阿爾卑斯山上發現的「冰人奧茲」（Ötzi）。冰人奧茲的生存年代約在西元前三千三百年的銅器時代。研究發現，奧茲的隨身用品裡有兩種擔子菌（屬多孔菌的多年生真菌），由於它們並不好吃，人們推測奧茲隨身攜帶應該是食用這些真菌作為驅蟲劑，或是可以作為火種生火。這也顯示了那時的人類已經知道真菌的藥用價值了。

　　以上主要是考古的發現，接下來我們就要進入更精彩且有歷史記載的部分。有了史料的佐證，我們終於可以分門別類的了解更完整的真菌，與它們的呼風喚雨史。

第一部

餐桌明星

Agaricus bisporus

餐桌上的佳餚

洋菇
Agaricus bisporus

洋菇是第一種被工業化大量生產的食用菇類。直到現在，洋菇已經出現在許多料理中，成為一項無可取代的食材。洋菇有珍貴的營養價值，它豐富了我們餐桌上的多樣性，也改變了人類的飲食歷史。

營養又美味

　　週六早上，文森前往巴黎二十區的市場，挑選了一些新鮮蔬果、馬鈴薯以及一盒六歐元的雪白洋菇。他漫步回到兩個街區外的公寓頂樓，準備為中午即將到訪的朋友們，煮一道美味的蘑菇濃湯與一些清新爽口的沙拉。這看似悠閒的早晨與簡單的料理，如果在十七世紀以前，文森可能必須穿著雨衣雨鞋，在雨中花上一整天，蹲在靠近牧場的草地裡，尋找野生的洋菇。因為在那時，只有多雨的秋天，才可以看到洋菇的蹤跡。

　　俗稱洋菇的雙孢蘑菇（*Agaricus bisporus*），在未成熟的階段，有著淺棕色或是雪白外表，形狀又圓又厚，非常討喜，因為其外型的關係，又常被稱為「鈕扣菇」（button mushroom）。洋菇是最常見的食用菇類之一，也是西方菜餚很常使用的食材。

　　洋菇是極少數可以生食的蘑菇，所以常被用來與其他生菜一起製作成沙拉。無論是義大利麵、醬汁、湯類、鹹派還是早餐，洋菇都是不可或缺的食材。洋菇除了風味獨特

◆ 原生地（發現地）
歐洲與北美洲。

◆ 拉丁名稱原義
Agaricus，來自拉丁字 agaricum，而這個拉丁字來自古希臘字 agarikon，意思是「傘菌」。*bisporus*，源自古希臘字 spora，意思是「種子」，再加上「bi–」有「兩個」的意思，所以整個字義就是「有兩個種子」。

◆ 應用
食用與農業。

深受老饕們喜愛，也含有許多有益健康的營養成分，如維他命、礦物質、醣類與蛋白質。

命名之爭

中文之所以稱為「洋菇」，是因為這種蘑菇是由西洋引進。洋菇在不同生長階段都有不同名稱，剛長出的洋菇，菌傘還沒打開時就採收，稱為「鈕扣菇」或「白菇」。淺棕色的洋菇通常被稱為「雙孢蘑菇」或是「棕菇」。由於洋菇已經深入西方飲食文化，所以還擁有許多親切的暱稱，如小波多貝羅（baby portobello）、小貝拉（mini bella）或是波多貝尼（portabellini）。長大一點的洋菇，在菌傘蓋打開後才採收的，被稱為波多貝羅（portobello）。為何人們要叫它波多貝羅已不可考究，不過一般認為是洋菇由法國傳到英國的時候，最初是在倫敦的波多貝羅市場販賣，因而得名。當時的波多貝羅市場專門販賣一些新奇古怪的東西，而對英國人來說，在不對的季節裡，可以買到洋菇的確是一件很新奇的事。

洋菇在命名上也有地緣之爭，法國與義大利都宣稱自己是最初養殖洋菇的國家，因此洋菇在義大利叫「羅馬菇」或「義大利蘑菇」，但在法國卻叫「巴黎蘑菇」。不過，根據文獻記載的完整程度，法國較可能為最初培養國。

洋菇的全球之旅

人類很早便開始在野外採集洋菇來食用，作為營養補充品。在還不能人工養殖的時代，洋菇是珍貴且難得的食材。也因此，埃及人的祖先相信，洋菇是獲得永生的關鍵。古羅馬人則認為，洋菇是來自眾神的食物，高貴且神祕。

洋菇的營養價值

◆

洋菇除了提供如硒、鉀、鐵與鋅等微量元素，也含有大量不同的維他命，如維他命 B 群、維他命 C 與維他命 D。略帶棕色的洋菇含有較多維生素 D，而且顏色愈深含量愈多。於歐洲早期，容易養殖與低成本，讓洋菇無疑提供了人類一種可以代替肉類的營養來源，尤其是日光照射缺乏的冬天，來自洋菇的維他命 D 更顯得珍貴。

根據文獻記載，這神祕的野生洋菇起源於歐洲。後來，植物學家發現在北美洲的草原上也有原生種洋菇的蹤跡。洋菇是歐洲最早被人工種植的菇類，約在 1650 年時，法國巴黎開始有洋菇的人工栽培出現。當時是利用地窖來養殖洋菇，直到現在，這個方法仍被沿用。然而，實際有記載的商業化養殖洋菇，是於 1707 年。當時的法國植物學家德杜納福（Joseph Pitton de Tournefort），發現牧場邊的馬糞堆上會長出洋菇，就利用以馬糞堆積發酵的堆肥來作為養殖洋菇的基質。在每一次採收之後，將表層的舊馬糞堆肥移除，然後再覆上一層新鮮的馬糞堆肥，並利用地窖的天然恆溫環境持續養殖。1893 年，法國巴黎的巴斯德研究所（Pasteur Institute）更進一步研發出良好的菌種保存技術，也讓洋菇的種植與品質趨向穩定。近代，洋菇養殖已經轉移到專門設計的菇舍，利用溫度與濕度控制，加上栽培床的立體化，大大增加了洋菇的產量。當然，現在已經不用馬糞來養殖洋菇了，而是改用廢棄的麥桿、稻桿等有機廢棄物來製作堆肥。

　　1731 年，法國的洋菇養殖方法傳到了歐陸其他國家以及英國，在十九世紀時，又由英國傳到了美國。到了 1914 年，美國開始工業化生產洋菇，洋菇這才開始出現在美國人的餐桌上。淺棕色的雙孢蘑菇是洋菇的原生種，現在常見的雪白洋菇，則是 1926 年由美國賓州的一位菇農所發現的。當時這位菇農在種植的淺棕色洋菇當中，發現了一朵白如雪的洋菇，就將之留下擴大栽種，沒想到大受歡迎。臺灣的洋菇養殖則是到了 1950 年代才出現，堆肥製作技術是農業試驗所的前輩所開發，臺灣也是第一個溫帶以外地區種植成功的地方。1960 年代，有大量菇農投入養殖洋菇的行列，是臺灣養殖洋菇的輝煌年代，出口各式各樣的洋菇罐頭產品。後來，洋菇的生產被韓國與中國取代，加上臺灣養殖菇類愈來愈多樣化，洋菇養殖漸漸式微。現在，洋菇已是世界上人工栽培最普遍的菇類，在超市的生鮮蔬果區就能輕易找到。

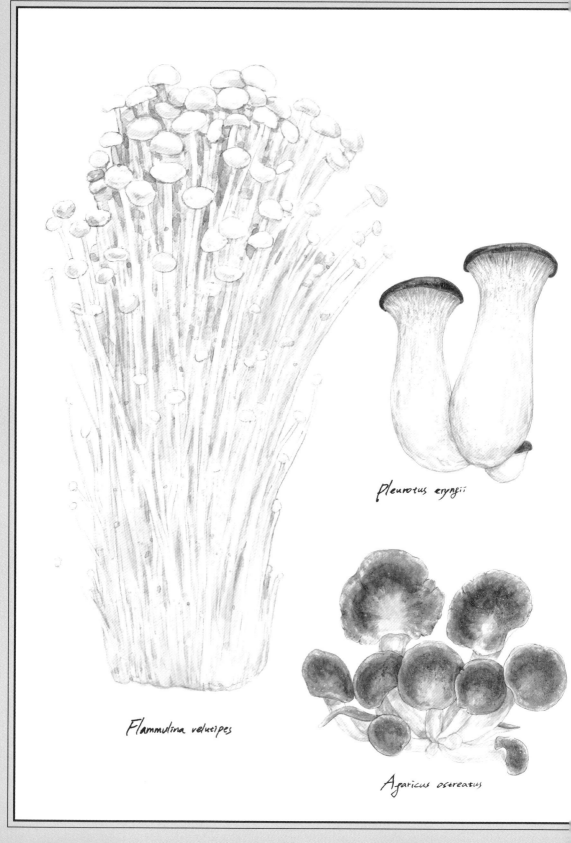

Pleurotus eryngii

Flammulina velutipes

Agaricus ostreatus

前進滷味攤

金針菇、蠔菇與杏鮑菇

Flammulina velutipes, Pleurotus ostreatus & Pleurotus eryngii

隨著養殖菇的技術發展，如今可以人工種植的菇類已有很多種。在這章中，除了介紹金針菇外，還會介紹其他養殖菇類的來源與歷史，如蠔菇與杏鮑菇。

楊柳樹上的精靈：金針菇

金針菇的學名又可以是「*Collybia velutipes*」，別名為金絲菇、金菇、絨柄金錢菌、菌子或是榎菇等，俗名「黃金菇」，也有人稱之為「冬菇」。日本人則稱之為「榎茸」。

自古有「秋蕈」美名的金針菇，原野生於中國北方，因黃褐色且細長的子實體而得「金針」之名，在原野森林中一年只能一收，非常珍貴。現在，金針菇經由人工選殖出顏色雪白的白變種，且利用室內栽培，全年都可以買到。金針菇除了是栽培歷史悠久的食用菇，營養豐富，也具廣泛的藥用價值。金針菇有具抗氧化性的超氧歧化酵素（SOD）、富含胺基酸、維他命、醣蛋白及多醣等物質，其子實體及菌絲體均可入藥，可用以預防和治療肝炎、胃腸潰瘍，並具有降血清膽固醇的效果以及抗癌作用。

根據西元 996 年韓鄂所著的《四時纂要》，金針菇有可能早在西元 800 年（唐朝）就在中國栽培，如今種植的地區除了中國之外，已分布世界各地，包括日本和臺灣。

金針菇
◆ 原生地（發現地）
中國北方。

◆ 拉丁名稱原義
Flammulina，由拉丁字 flammeus 而來，意思是「小火焰」，指的是子實體的顏色。
velutipes，結合了兩個拉丁字：velutinus，意思是「覆蓋著纖細的絨毛」；pes 是「腳」的意思。所以兩字加起來指的是多毛的菌柄基部。

◆ 應用
食用與農業。

金針菇在自然界會長在一些闊葉樹上，例如楊樹、柳樹、榆樹、梅樹、楓木和樺樹，於低溫（-2~14 ℃）與低光照的時候出菇。雖然金針菇原生於中國北方，不過確切的人工栽培方法是在傳入日本之後，才被發揚光大。1928 年，森本彥三郎在京都用木屑和米糠裝在玻璃瓶裡栽培金針菇，後來，1950 年於長野縣有養殖戶發明了以聚丙烯瓶或聚丙烯袋為裝填容器的生產方法。這種生產方式在日本愈來愈流行，到了 1960 年代，大家都開始使用聚丙烯瓶。早期，日本是金針菇養殖大國，產量世界第一，不過自 1990 年代初，中國的金針菇產量超過了日本。1995 年，中國的生產量來到二十萬公噸左右，且年年持續成長。其他國家的生產總量也一直提高，例如美國於 1990 年代後期，金針菇的生產量增加了 25% 以上。除了木屑之外，栽培用的基質多是農業殘餘物，例如玉米芯、棉籽皮或是甘蔗渣等。

在臺灣，金針菇的栽種最早可以溯及到西元 1950 年代。金針菇喜生長在低溫環境，所以在臺灣需要栽種於溫控環境中，再加上太空包栽培的技術，一年四季都可以生產，當時為臺灣的養菇產業創下了輝煌歷史。

菇中牡蠣：蠔菇

蠔菇（*Pleurotus ostreatus*）又稱鮑魚菇。原生蠔菇在自然界的分布遍及大部分的歐洲、亞洲與北美部分地區。養殖蠔菇可利用既有的農業廢棄物材料，不但對臺灣新興菇業發展有助益，也能有效轉化農業有機廢棄物為食用材料。

蠔菇於 1775 年，第一次被科學描述。出生於荷蘭的奧地利博物學家馮雅坎（Nikolaus Joseph von Jacquin）將之命名為「牡蠣傘菌」（*Agaricus ostreatus*），當時的真菌分類，把大部分有菌褶的菇類都歸於

傘菌屬。1871 年，德國真菌學家庫默爾（Paul Kummer）將蠔菇轉到一個自己建立的新屬——側耳屬（*Pleurotus*）。蠔菇因為栽培技術門檻低，容易種植，所以已經在世界各地有商業化的生產栽培，其中包含了西歐一些國家、美國、亞洲的中國、印度與臺灣。在臺灣，生產技術早已利用太空包的方式取代原本的麥稈或稻草堆肥栽種。

菇中鮑魚：杏鮑菇

杏鮑菇又名刺芹側耳，在歐洲被稱為蠔菇王、義大利蠔菌、小號王、法國號、棕菇王或是草原牛肝菌。原產於歐洲、中東和北非的地中海地區，但也在亞洲的許多地方發現。杏鮑菇與其他同屬（側耳屬，側耳屬大部分是木腐生）的菇類不同，是生長於亞熱帶草原的典型菇類。杏鮑菇於春末至夏初時，腐生或寄生於胡蘿蔔家族的植物（繖形花科植物，屬草本或半灌木植物），例如刺芹等的根和周圍的土中。杏鮑菇的種類很多，又依其所附生的植物來作分別。1872 年，克萊（Lucien Quélet）將命名者納進杏鮑菇的拉丁名稱。例如以克萊為名的杏鮑菇（*Pleurotus eryngii*〔*DC.*〕*Quél*）指的就是與刺芹屬植物共生的杏鮑菇。以沙卡爾杜（Pier Andrea Saccardo）為名的杏鮑菇（*Pleurotus eryngii var. ferulae*〔*Lanzi*〕*Sacc.*，1887 年）就是與大茴香共生的杏鮑菇。2002 年命名的杏鮑菇（*Pleurotus eryngii var. tingitanus*）就是與廷吉塔納阿魏（*Ferula tingitana*）共生的杏鮑菇。還有與醫神橄欖亮蛇床草（*Elaeoselinum asclepium*）共生的杏鮑菇（*Pleurotus eryngii var. elaeoselini*，2000 年）以及與毒胡蘿蔔草（*Thapsia garganica*）共生的杏鮑菇（*Pleurotus eryngii var. thapsiae*，2002 年）。

經過多年的嘗試，杏鮑菇的栽培技術已臻成熟，品質與產量穩定成長，價格也趨親民。除了菇體可食用，太空包裡含菌絲的培養基也被飼養甲蟲的玩家拿來餵食幼蟲。

蠔菇
◆ 原生地（發現地）
世界各地的溫帶與亞熱帶森林。

◆ 拉丁名稱原義
Pleurotus，由新拉丁字 pleuro- 而來，意思是「往側邊」，加上古希臘字根「*οὖς*」（oûs）。*ostreatus*，由拉丁字 *ostrea* 而來，意思是「蠔，牡蠣」。*-ātus* 指的是「像生蠔殼一樣」。

◆ 應用
食用與農業。

杏鮑菇
◆ 原生地（發現地）
原生於歐洲地中海地區、中東與北非，也生長在亞洲許多地方。

◆ 拉丁名稱原義
Pleurotus，由新拉丁字 pleuro- 而來，意思是「往側邊」，加上古希臘字根「*οὖς*」（oûs）。*eryngii*，由古希臘字 *ἠρύγγιον*（ērúngion，所有格 ēryngiī）而來，意思是「一種薊類植物」，可能是刺芹屬植物。

◆ 應用
食用與農業。

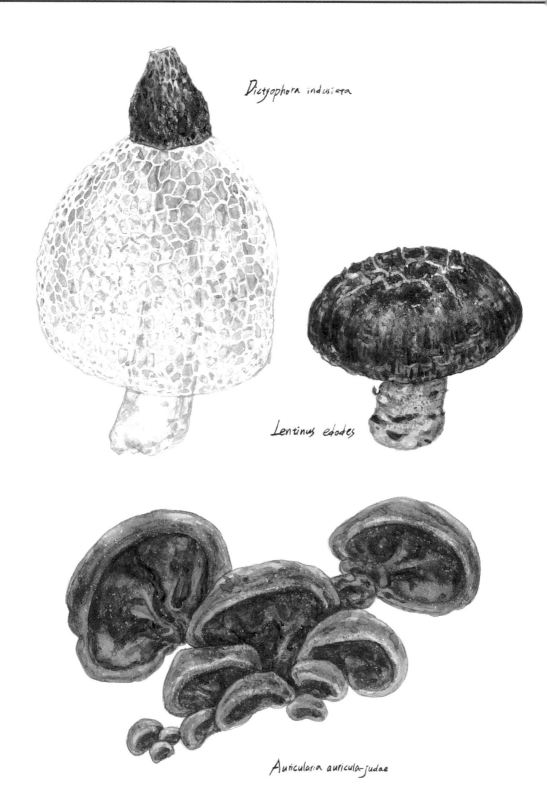

Dictyophora indusiata

Lentinus edodes

Auricularia auricula-judae

香菇、木耳與竹蓀
Lentinus edodes, Auricularia auricula-judae & Dictyophora indusiata

美味素鮮：香菇

　　香菇又名冬菇、香蕈或椎茸，異名為櫧竹硬菇（*Lentinus shiitake*）。香菇的科學命名始於 1877 年，柏克萊將之命名為可食傘菌（*Agaricus edodes*）。之後在 1976 年時被佩格勒（David Pegler）將之改置於硬菇屬（*Lentinus*，又名香菇屬）。

　　香菇應該是臺灣人最熟悉的菇，它是重要的南北貨，在東方飲食裡扮演舉足輕重的角色。臺灣於 1909 年，以段木法在埔里人工種植香菇成功，至 1970 年發展出以太空包方式種植。

　　比較明確的香菇栽培歷史，來自於日本的菇類種植記載。日本最早記錄香菇栽培，可見於 1796 年由佐藤成裕（佐藤中陵）所撰寫的《驚蕈錄》中。當時的作法，是把長有香菇的段木附近，再放上削去樹皮的新鮮段木，好讓空氣中的孢子感染。香菇栽種者最常使用的段木樹種，是長尾尖葉櫧，而香菇俗名的起源就是來自這種樹。香菇種植自那時起迅速擴大，1943 年，森喜作博士將菌養在木釘上，然後插入段木上鑽好的孔中來接種。將香菇發揚光大的非日本莫屬了，日本將香菇的栽培方法改良，最終領導了全球的香菇生產。之後，香菇袋栽迅速取代段木栽培。1982 年養殖改

香菇
◆ 原生地（發現地）
主要分布於東亞、東南亞和南亞的溫帶和亞熱帶地區。最早人工栽培起源於中國。

◆ 拉丁名稱原義
Lentinus，Lentus 是拉丁字，有「強硬」的意思。*edodes*，ed– 意思是「吃」。de– 意思有「離開與去除」。

◆ 應用
食用與農業。

良之後，香菇產量大增，且根據 1983 至 1984 年的統計，全球有三分之二的香菇是由日本生產，不過現在都移往中國，目前占全球 80% 產量。不僅在亞洲，香菇養殖已經傳到世界各地，占總年產菇類約 25%，甚至在芬蘭的北極圈內，都有種植香菇的菇場。

香菇的命名歷史

◆

1878 年	可食傘菌	*Agaricus edodes*（Berk.）
1886 年	櫧竹金錢菌	*Collybia shiitake*（J. Schröt.）
1887 年	可食蜜環菌	*Armillaria edodes*（Berk.）Sacc
1889 年	櫧竹環柄菇	*Lepiota shiitake*（J. Schröt.）Nobuj. Tanaka
1890 年	東京硬菇	*Lentinus tonkinensis*（Pat.）
1891 年	可食乳白菌	*Mastoleucomyces edodes*（Berk.）
1899 年	櫧竹小絲膜菌	*Cortinellus shiitake*（J. Schröt.）Henn.
1918 年	櫧竹口蘑	*Tricholoma shiitake*（J. Schröt.）Lloyd
1918 年	蜜硬菇	*Lentinus mellianus Lohwag*
1936 年	櫧竹硬菇	*Lentinus shiitake*（J. Schröt.）Singer
1938 年	可食小絲膜菌	*Cortinellus edodes*（Berk.）S. Ito & S. Imai
1941 年	香菇	*Lentinus edodes*（Berk.）Singer

背叛之證：木耳

　　木耳屬於擔子菌的膠質菌類中的木耳屬，外型似耳狀，故名。它是屬腐生真菌，常見生長於腐朽的闊葉樹樹幹，也常見於中國古籍當中，《神農本草經》就收錄有五木耳之名稱。

　　木耳是《本草綱目》的〈菜部〉〈菜之五〉中的主角，可見其重要性。李時珍在《本草綱目》記錄了唐代蘇恭所說：「桑、槐、楮、榆、柳，此為五木耳。軟者並堪啖。楮耳人常食，槐耳療痔。煮漿粥安諸木上，以草覆之，即生蕈爾。」說明長在不同樹種上的不同木耳，常吃的楮耳（黑木耳）是長在楮木上的。

一開始，木耳是以段木栽培，直到 1980 年代，臺灣的菇農就改以太空包栽培方式來養殖木耳。

最初在科學文獻裡，木耳被稱為「顫耳」（*Tremella auricula*），出現在林奈（Carl von Linné）於 1753 年所著的《植物種志》（*Species Plantarum*）。1789 年，布雅德（Jean Baptiste François Pierre Bulliard）將之改名為「猶大顫耳」（*Tremella auricula–judae*）。然而，「顫耳」這個屬名現在已經保留給一類寄生在其他真菌上面的真菌，1791 年，布雅德又將黑木耳歸類到盤菌屬（*Peziza*）。1822 年，佛萊斯（Elias Magnus Fries）將之轉到黑耳屬（*Exidia*），同時變成了正式名稱。1860 年，柏克萊又將之描述成腦形菌屬（*Hirneola*）的一員，黑木耳的名稱直到 1888 年，梭羅德（Joseph Schröter）命名之後才一直沿用至今。

猶大的耳朵
◆

據說，猶大背叛耶穌之後，在一棵老樹上吊自殺，那棵樹上從此就長著黑木耳，提醒世人猶大的罪行。因此，木耳的通用名稱最初是「猶大的耳朵」，到了十九世紀後期，又被改成「猶太人的耳朵」。雖然這個命名因為有歧視猶太人的濃厚味道而倍受爭議，卻還是一直流用了下來。

白紗遮面：竹蓀

竹蓀又稱長裙竹蓀、竹笙與臭角菌等。分布很廣，但只有中國有食用記錄，最早可見於 1866 年（清同治五年）的食譜抄本《筵款豐饈依樣調鼎新錄》，當中有幾樣菜用到了竹蓀，例如「涼拌竹松」與「竹參鴨子」。竹蓀多在竹林裡被發現，有時闊葉林地也會有其蹤跡，從出菇到腐爛只有短短一、兩天。之所以稱為臭角菌，是因為其子實體黑色頂部會有腐臭味，可吸引昆蟲停駐，以利孢子傳播。竹蓀最早的

木耳
◆ 原生地（發現地）
世界各地。最早人工栽培起源於中國。

◆ 拉丁名稱原義
Auricularia，auri–，意思是「耳朵」。cularia – 意思是「吃」。*auricula–judae*，Judae 指的是「猶大」（Judas），是耶穌的十二門徒之一。

◆ 應用
食用與農業。

竹蓀
◆ 原生地（發現地）
北美、非洲、澳洲以及亞洲。最早人工栽培起源於中國。

◆ 拉丁名稱原義
Dictyophora，Dictyo 由古希臘詞 diktyon 而來，有「撒（網）」的意思。–phora 是由希臘字 phōr 而來，意思是「產生」。所以 *Dictyophora* 就是「產生網」的意思。*Indusiata*，是拉丁形容詞 indūsǐātus，意思是「穿裙子內襯」。

◆ 應用
食用與農業。

文字紀錄出現在唐代段成式所著的《酉陽雜俎》，當中描述：「林吐一芝，長八寸，頭蓋似雞頭實，黑色，其柄似藕柄，內通中空，皮質皆潔白，根下微紅。」

竹蓀的命名最初是由法國博物學家旺特納（Étienne Pierre Ventenat）在 1798 年描述，並在 1801 年被珀森（Christiaan Hendrik Persoon）所認同並使用。1809 年，這類真菌被德沃（Nicaise Auguste Desvaux）獨立放置在一個自己的屬內，也就是「竹蓀屬」（*Dictyophora*）。這個學名源自希臘語，就是「帶有網」的意思。1817 年，馮埃森貝克（Christian Gottfried Daniel Nees von Esenbeck）曾把竹蓀另外再歸入「粉托鬼筆屬」（*Hymenophallus*）。最後「竹蓀屬」與「粉托鬼筆屬」這兩個分類都回歸到「鬼筆屬」當中，成為其同義詞。

除了常見於乾貨行的竹蓀（或長裙竹蓀）之外，另一有種「黃竹蓀」（*Dictyophora multicolor*，又指多色竹蓀），外觀與竹蓀相似，容易混淆。可由其菌幕為黃色來作區別。黃裙竹蓀帶有毒性，不可食用。

以前，竹蓀都是野生摘採，數量稀少而珍貴。1980 年代，中國發展出了人工栽培技術，將竹蓀與玉米一起栽種，已可大量生產，市場價格也變得比較平民化。人工栽培的竹蓀種類也變得多樣，有長裙竹蓀、短裙竹蓀、棘托竹蓀與紅托竹蓀等。

Tricholoma matsutake

父不傳子的祕密

松茸與四大菌王

Tricholoma matsutake

松茸又被稱為「萬菌之王」，又有別名為松口蘑或是松蕈，是珍貴的天然野生菇，也是四大菌王之首。但因為長久以來大量摘採，再加上原本棲息地環境破壞等因素，使得松茸數量愈來愈少，變得彌足珍貴。在日本，相傳因為松茸實在太珍貴了，就連知道採集地點的父親也不願透露給自己的兒子知道。

松茸的歷史

　　中國清朝的袁枚，人稱隨園先生，著有《隨園食單》〈雜素菜單〉。當中有兩段提及「松蕈」的入菜方法：「松蕈加口蘑炒最佳。或單用秋油泡食，亦妙。惟不便久留耳，置各菜中，俱能助鮮。可入燕窩作底墊，以其嫩也。」又有在〈小菜單〉提及「小松蕈」的煮食方法：「將清醬同松蕈入鍋滾熱，收起，加麻油入罐中。可食二日，久則味變。」

　　推測《隨園食單》裡的「松蕈」與「小松蕈」應該是不同菇類。會長在松樹根部附近的可食用菇類有牛肝菌、松茸以及卷緣齒菌（*Hydnum repandum*），依大小來分，牛肝菌最大，依次是松茸，最小的是卷緣齒菌。依美味程度，牛肝菌與松茸都略勝卷緣齒菌一籌。所以我推測，「松蕈」應是牛肝菌，「小松蕈」才是松茸。

　　中國人對松茸興趣缺缺，史料也鮮有記載，相較之下，日本對待松茸的態度就截然不同了。松茸最早出現在日本的

◆ 原生地（發現地）
中國、日本、韓國、北美、北歐。

◆ 拉丁名稱原義
Tricholoma，Tricho 是希臘字 trikho–，由 thrix 與 trikh– 而來，意思是「毛髮」。希臘字 loma 指的是「邊界」或是「邊緣」。
matsutake，松茸。

◆ 應用
食用。

文獻，是在西元八世紀的詩詞當中，之後在奈良與京都開始很受歡迎。說來弔詭，松茸的發現，源自於人們砍掉原始森林中會遮蔽陽光的闊葉樹，改種植需要大量陽光與礦物質土壤的赤松，來取得建造房屋、廟宇與宮殿所需的木材。而松茸的寄主正是赤松，便因此變成林中的常客。因為松茸很美味，被當作高貴的禮物，受到貴族皇室的喜愛。到了江戶時代（1603 至 1868 年），富有的平民和商人也都對松茸趨之若鶩。

牛肝菌、羊肚菌和雞油菌

牛肝菌因肉質肥厚，口感極似牛肝而得名，是名貴稀有的野生食用菌。瑞典真菌學家弗萊斯（Elias Magnus Fries）於 1821 年將之命名為牛肝菌，沿用至今。

牛肝菌採摘之後，清炒就很美味，如果數量太多無法一次食用完畢，可切片或是整朵乾燥保存。乾燥的牛肝菌多用來煮湯。

羊肚菌是一種可食用菇類，在解剖學上與簡單的杯狀真菌相近，非常美味，是北歐地區秋季森林中常見的菇類。菌傘呈現蜂巢網狀，紋路很像反芻動物（例如牛與羊）的瘤胃。羊肚菌有許多俗名，例如「旱地魚」，因為當縱向切片沾麵包屑去炸的時候，其外形酷似一條魚的形狀；還有「山核桃雞」，因為它們在美國肯塔基州的許多地方都能找到。由於部分結構與多孔類海綿相似，所以也被稱為「海綿菇」。有一種跟羊肚菌很像的菌，稱作鹿花菌（*Gyromitra esculenta*），它有劇毒，直接食用會致命，不過，勇敢的芬蘭人將之視為美味。食用前，需要在戶外反覆烹煮，因為就連煮出的水蒸氣都有毒。據說只要煮過幾次就能吃了，不過我可沒那個膽量嘗試。

菌王俱樂部

◆

所謂「四大菌王」，有中、西兩方說法，分別是「松茸、牛肝菌、靈芝、冬蟲夏草」；或是：「松茸、牛肝菌、羊肚菌、雞油菌」。另外，還有所謂「世界四大珍菌」，包括了：「松茸、牛肝菌、羊肚菌、黑虎掌菌（*Sarcodon aspratus*）」。不管是哪一個菌王俱樂部，其成員都一定有松茸與牛肝菌，可見這兩種沒辦法人工養殖，只能野外採集的菇類，在人類餐桌上的地位。

雞油菌又叫作「黃菇」，是一種美味又親民的菇，在歐洲、北美洲、非洲、中國與澳洲都能找到其蹤跡。新鮮雞油菌有可媲美松露的鮮美香氣，口感滑潤肥美，盛產的時候，歐洲的傳統市場都能買到。雞油菌顏色多為黃色、金黃色或橘黃色，菌傘的邊緣呈現不規則波浪形，被稱為「假菌褶」（*falsegills*）的菌褶是其重要特徵。還有一種與雞油菌的外型相似，不過顏色截然不同的「灰喇叭菌」（*Craterellus cornucopioides*），也非常美味而且很稀有。在芬蘭，灰喇叭菌是季節限定的菇類裡價格最高的，2015 年，鮮品在市場上一公斤要五十歐元。可直接鮮炒或是乾燥後磨成粉狀，像胡椒鹽一樣灑在湯品上食用。

採菇趣

◆

野外採菇傳統，不僅僅是因為菇很美味，也因為在營養缺乏的年代，野菇提供了額外的養分需求，例如在緯度較高，日照較少的地區，菇類提供了很重要的維他命 D 以及蛋白質來源。不過，現在的野菇採集，多以興趣、親近大自然為出發點。若各位有機會到野外採菇，就能體會那種好不容易發現一顆松茸或是牛肝菌，靜靜依在松樹根部處的興奮感，而這種感覺已經遠遠超過它們的食用價值了。

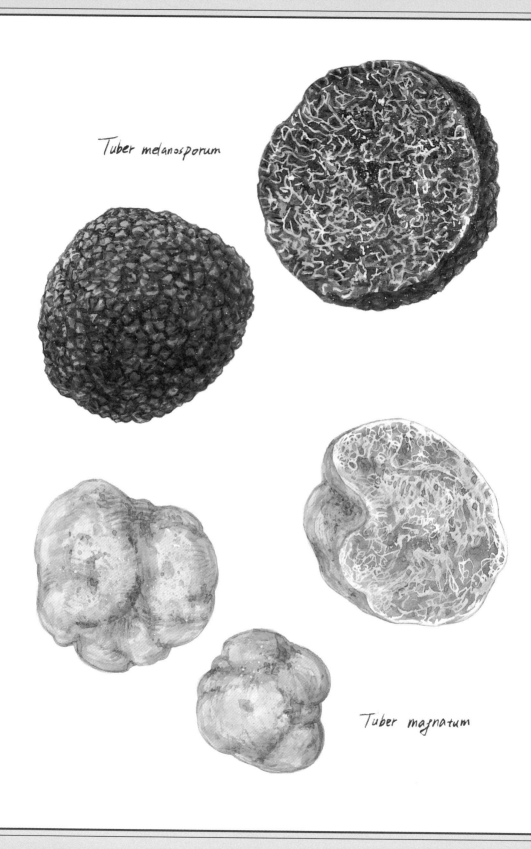

Tuber melanosporum

Tuber magnatum

廚房裡的鑽石

松露
Tuber melanosporum & Tuber magnatum

松露與法國、義大利，甚至整個歐洲的歷史息息相關。法國著名美食家布裡亞－薩瓦蘭（Jean Anthelme Brillat-Savarin）曾在其著作《味覺生理學》（*Physiologie du Goût*）裡描述，松露是「廚房的鑽石」。松露是世界上最昂貴的食品，歐洲人將之與魚子醬、鵝肝並列「世界三大珍饈」，其中以法國的黑松露與義大利的白松露評價最高。松露是與樹根共生的真菌，常見的寄主，有橡樹、榛樹、山毛櫸和板栗樹，在地面以下約七至三十公分處，必須經由訓練過的狗或豬，利用嗅覺來尋找。

大地的傷疤

松露最早在西元前 2000 年，被記載於新蘇美爾時期（Neo-Sumerians）的泥板上。西元前 300 年，希臘哲學家泰奧弗拉斯托斯（Theophrastus）的作品，《植物歷史》（*Historia Plantarum*）裡也描述了松露。西元 400 年羅馬帝國時期，現存最古老的松露食譜記載於歐洲的第一本烹飪書籍——阿比修斯（Apicius）的《烹飪技術》（*De Re Coquinaria*）中。不過在歐洲黑暗時期（西元 400 至 500 年），由於松露誘人的香氣與生長在黑暗地底的特性，人們相信松露是惡魔的化身，由巫師的口水產生，如同被詛咒的靈魂一樣黑暗，因而被宗教禁止食用。後來，過了黑暗時期，民智大開，人們又重新愛上松露。

◆ 原生地（發現地）
溫帶與熱帶山區。

◆ 拉丁名稱原義
Tuber，拉丁字 tūber 意思是「塊狀，塊莖」。
melanosporum，melan–希臘字 melas， mélanos 意思是「黑」。sporum 源自古希臘字「spora」，意思是「種子」或是「播種」。
magnatum，magn– 拉丁字 magnus 意思是「大」。–ata（L）是完美分詞的中性複數結尾，用作一些結構的名稱後修飾，也有表示一群以該結構為特徵的生物。

◆ 應用
食用。

不過羅馬人對「松露」有不同的看法。即使羅馬皇帝佩爾蒂納切（Publio Elvio Pertinace）來自阿爾巴（Alba），但同樣來自阿爾巴的松露卻從來沒有進到羅馬的貴族食譜當中。松露在羅馬貴族之間，只有其高貴價格受到矚目，但對於其風味實而興趣缺缺。老普林尼稱它為「土地的癒傷組織」。朱韋納爾（Juvenal）甚至寫過：「如果春天有了雷聲，我們將會有松露。留住你的糧食吧，利比亞，只要給我們松露就好了。」朱韋納爾在暗諷，富人只要有美味的松露可吃就好，才不在意窮人賴以為生的穀物歉收。

文藝禮讚

◆

義大利作曲家羅西尼（Gioachino Antonio Rossini）把松露稱為「真菌裡的莫札特」（the Mozart of fungi）。第六代拜倫男爵（George Gordon Byron, 6th Baron Byron）放了一個在他的辦公桌上，因為它的香氣有助於激發靈感。《基度山恩仇記》（Le Comte de Monte-Cristo）的作者大仲馬（Alexandre Dumas）把它稱為餐桌上的聖桑托倫至聖小堂（Sancta Sanctorum）。

整個中世紀，松露曾消失在節儉人們的飲食中，但仍然是狼、狐狸、獾、山豬和大鼠最愛的食物。文藝復興時，人們又重新講究精緻飲食和用餐氣氛，松露總算獲得其驕傲地位，開始出現在十四和十五世紀的法國貴族的餐桌上，而此期間，在義大利，白松露也開始被端上餐桌。在 1700 年的皮埃蒙特（Piedmont），松露被所有的歐洲宮廷公認為真正的美味。松露狩獵更成為一種專門用來取悅客人和外國使節的宮廷娛樂，通常在義大利都靈（Turin）地區舉行。十七世紀底和十八世紀初之間，義大利掌權者阿梅迪奧二世（Vittorio Amedeo II）與艾曼努爾三世（Carlo Emanuele III）認真且非常努力地想成為松露獵人，1751 年，艾曼努爾三世在英國宮庭組了一支松露遠征隊，企圖將松露引進英式菜餚當中。但是，在英格蘭發現的松露，品質都非常差，根本無法與皮埃蒙特松露相比。義大利政治家，加富爾伯爵（Camillo Benso, Conte di Cavour）在他的政治生涯當中，利用松露作為外交工具。1780 年，關於阿爾巴白松露的文本首度在米蘭出版，也確立了「白松露」的名稱──以第一個研究松露分類的皮埃蒙特‧維托里奧‧皮科（Piedmontese Vittorio Pico）為名。1831 年，來自米蘭帕維亞植物園（Botanic Gardens in Pavia）的博物學家維塔

迪尼（Carlo Vittadini），出版了《松露專刊》（*Monographia Tuberacearum*），其中他介紹了五十一種松露，這本書之後變成了「食菌學」（hydnology）的基礎。

水漲船高的身價

松露的需求量日益增加。這麼美味的食品，光是靠野外採集怎麼能夠滿足老饕的味蕾？1847 年，法國開始出現松露農場。松露生長在鹼性且易排水透氣的石灰土，夏天生長期時需要雨水，但又不能太多；松露必須和橡樹的根形成共生關係，盛產於秋季，收成時需要由經過訓練的動物來找出，收成的數量與大小也不固定……基於上述種種原因，建立松露農場需克服多重難關，因此量產實不易上升。第二次工業革命開始，大批的農業人口投入工業，直接影響到了松露種植產業。第一次世界大戰後，法國勞動人口銳減兩成，再加上當初種植來生產松露的樹已經太老，產量直線下降，原本因戰爭而萎縮的松露產業受到多重打擊，結果就是松露價格大漲。

松露被用在各種歐洲美食上，特別是法國和義大利美食。不過松露價格一擲千金，只有在豪華餐廳才能夠一嚐美味。松露價格依照產量還有大小而定，2014 年底，世界上最大的白松露在紐約拍賣，成交價約為臺幣兩百萬，買家來自臺灣。2016 年，一顆九百公克的白松露賣出了七十萬臺幣的高價。黑松露一般價格比較便宜，約是白松露的十分之一。

松露到底嚐起來像什麼？我在遊歷東歐的時候，在傳統市場買過，嚐過後的感想實在難以形容。松露的味道不像任何其他的食物，它的風味誘人，獨一無二，會讓人上癮且欲罷不能。當然，這風味的喜好因人而異，不過如果松露跟你對味，你一定會被徹底誘惑。順帶一提，所謂的松露油，通常都是橄欖油加入一點松露而製成，更有許多仿製品，多是合成的香味，一點松露成分也沒有。

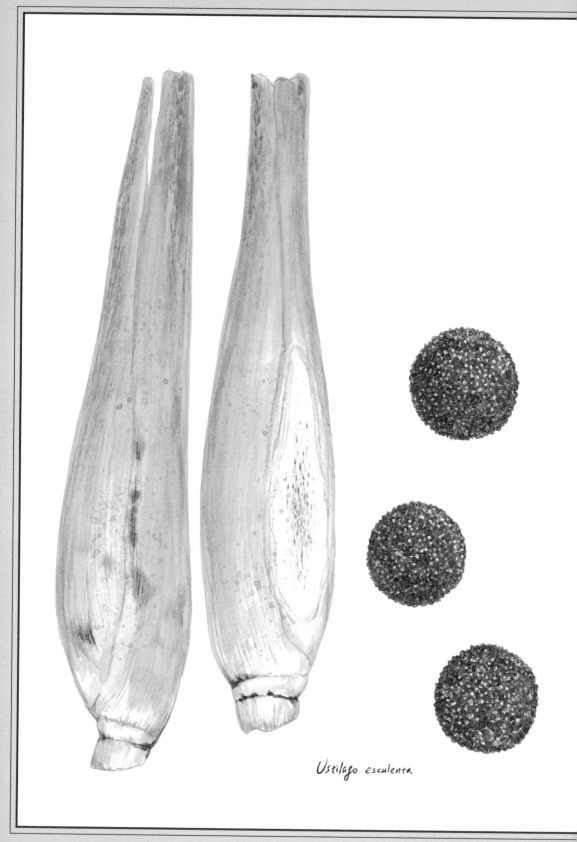

Ustilago esculenta

美人腿

黑穗菌
Ustilago esculenta

「黑穗菌」可能對各位來說很陌生，不過大家一定都知道「茭白筍」，它就是黑穗菌寄生於菰草後所形成的。菰草屬於禾本科菰屬，多年水生植物，根部有白色匍匐莖可發芽產生新植株。夏秋時節會抽生花莖，結果成「菰米」。被黑穗菌感染的菰草不抽穗，但是莖部會不斷生長膨大，形如小腿，顏色白皙，在臺灣被稱為「美人腿」。人們發現感染後的菰草非常美味，比菰米更有價值，便開始大量種植作為食材。成熟採收後的茭白筍，切面會有小黑點，這些小黑點就是聚集的孢子。

春末生白茅如筍

　　臺灣的茭白筍是兩百多年前，由第一批中國大移民自中國傳入，中國古籍提到「菰」可追溯到千年歷史以上，不過確切何時棄「菰」趨「菇（茭白筍）」的歷史實難查考。不過，最早在北宋嘉祐年間由蘇頌主持編撰的《本草圖經》（1061年）中就有提到「茭白」，也就是茭白筍。

　　明朝李時珍《本草綱目》〈草之八〉（1578年）中，亦有明確關於茭白的記載：「春末生白茅如筍，即菰菜也，又謂之茭白，生熟皆可啖，甜美。其中心如小兒臂者，名菰手。作菰首者，非矣。」也進一步提到其功效：「利五臟邪氣，酒面赤，白癩瘍，目赤。熱毒風氣，卒心痛，可鹽、醋煮食之（孟詵）。去煩熱，止渴，除目黃，利大小便，止熱痢。雜鯽魚為

◆ 原生地（發現地）
中美洲。

◆ 拉丁名稱原義
Ustilago，源自拉丁字
ustilare，意思是「去燒」。
esculenta，源自拉丁字
ēsculentus，由 ēsca 這
個字而來，為「食物」的
意思。由 edere，ēs–，而
來為「去吃」的意思。

◆ 應用
食用與農業。

羹食，開胃口，解酒毒，壓丹石毒發（藏器）。」

經過千年種植與人為篩選，黑穗菌就隨著茭白筍被不斷地保存並繁殖。現在田間的菰草不再生產菰米了，人們也不知菰米為何物，只知道菰草是種來生產茭白筍用的。

除了當作食材之外，茭白筍也被用於醫藥當中。黑穗菌的孢子還被用作藝術創作上面。在日本的漆器上，造成類似生鏽的效果。雖也有因為吸入太多黑穗菌的孢子而造成過敏性肺炎的例子，不過這是極端少數的病例。1991年，曾經有美國移民要將茭白筍在加州種植，不過因為黑穗菌是植物病菌，所以就沒有成功。

另一種富貴病

提到黑穗菌，就不能不提玉米黑穗菌（*Ustilago maydis*），因為它們同是黑粉菌屬（*Ustilago*）的一員。玉米黑穗菌是玉米的致病菌，和黑穗菌的狀況類似，它會造成玉米疾病，而生病的玉米卻被視為難得的珍饈。在墨西哥，阿茲特克（Aztec）人將這長在玉米上黑黑的東西稱為「烏鴉屎」（huitlacoche）。儘管這名字不太開胃，阿茲特克人將之加到菜餚中，做成薄餅、湯和玉米粉蒸肉。墨西哥人以及美國霍皮印第安人（Hopi Indians）也視之為令人心曠神怡的美味佳餚。據福塞爾（Betty Fussell）在《玉米的故事》（*The Story of Corn*）中提到，霍皮人稱這種感染玉米的真菌為「納哈」（nanha），在嫩時採收，去包葉後，煮十分鐘，然後用奶油炒到酥脆。時至今日，墨西哥農民仍有規模地種植這種生病玉米，供新鮮食用、冷凍或做成罐頭。不過除了罐頭，這種農產品在美國不容易找到，因為美國農民稱之為「煤塵或是黑穗病」（smuts）和「魔鬼的玉米」，認為這是一種必須被根除的疾病。

墨西哥松露

◆

玉米黑穗菌難以進入歐美，因為大多數農民把它看成疫病。不過根據《玉米的故事》，西元 1989 年紐約市詹姆斯·比爾德家（James Beard House）的晚宴中出現了一種「墨西哥松露」（Mexican Truffle），其實就是阿茲特克人口中的「烏鴉屎」。晚宴菜單由羅莎墨西哥餐廳（Rosa Mexicano restaurant）的約瑟芬娜·霍華德（Josefina Howard）所設計，其中包括墨西哥松露開胃菜、湯品、可麗餅、玉米餅果仁蛋糕甚至是墨西哥松露霜淇淋。結果，於 1990 年代中期，由於高檔餐廳新菜單的需求，賓州和佛羅里達州的農場經由美國農業部（USDA）的允許，故意讓玉米感染玉米黑穗菌。大多數觀察家評估，這計畫幾乎對農業沒有影響，因為美國農業部已經花費了大量的時間和金錢試圖消滅玉米黑粉病。

Cordyceps sinensis

天神的腸子

冬蟲夏草
Cordyceps sinensis

冬天是蟲、夏天是草，神祕的冬蟲夏草有許多藥用價值，其中最著名的就是它能改善性生活，有人因此稱它為「喜馬拉雅山威而鋼」。在十七世紀以前的古醫書中，完全不見冬蟲夏草的蹤影，可說是近代才崛起的中藥材。採集冬蟲夏草（藏語：Yartsa gunbu）如今在西藏是年度淘金活動，2013 年西藏一共採集了約五十公噸冬蟲夏草，價值約十二億美元，是西藏年度觀光收入的一半。在北京的中藥店裡，一綑約八十隻冬蟲夏草，售價將近一萬美金。

田徑隊的金牌祕方

冬蟲夏草其實是一種名為「冬蟲夏草」的麥角菌科（*Clavicipitaceae* 或稱肉座菌科）真菌，寄生於福翼蝙蝠蛾（*Hepiaua larva*）幼蟲上的子座（Stroma）及幼蟲屍體的複合體。真菌於冬季入侵蟄居於土中的幼蟲體內，使蟲體充滿菌絲而死亡，於夏季時長出子座。因為這種真菌的奇特生活，以及一般人難以到達的嚴峻棲地環境，冬蟲夏草總披著一層神祕面紗。中國從古至今常把冬蟲夏草、野生人參與鹿茸列為三大補品。冬蟲夏草正式被當作藥物並記載在書籍中，見於 1694 年清代汪昂所著的《本草備要》〈草部目錄之七〉。1723 年，法國的耶穌會神父巴多明（Dominique Parennin）自中國採集了冬蟲夏草標本帶回巴黎，之後再由英國人李維（Lovell Augustus Reeve）將其帶回倫敦。

◆ 原生地（發現地）
中國西藏與四川。

◆ 拉丁名稱原義
Cordyceps，Cordy– 字首是新拉丁字，晚期的希臘字 kordylē 意思是「棒狀」演變而來（也有「膨大」之意）。–ceps 是拉丁字，由 caput 演變而來，有「頭」的意思。
sinensis，意思是「中國」。

◆ 應用
食用與醫療藥用。

英國真菌學家柏克萊首次在 1843 年的時候，對冬蟲夏草作了文字描述，當時他將之稱作「中華球果菌」（*Sphaeria sinensis Berk.*），直到 1878 年，沙卡爾杜（Pier Andrea Saccardo）才把這種真菌重新命名為冬蟲夏草。

1876 年英國的一家報紙《殖民地》（*Colonies*）有報導冬蟲夏草，其中是這樣描述的：「它被譽為擁有加強和改造體質的功效，但因為非常稀有，所以只有皇帝或是位居高位的官吏才能使用。」早期的外國觀察家對冬蟲夏草的價格無不驚訝不已。由大英博物館在 1923 年出版的《大英大型真菌手冊》（*A Handbook of the Larger British Fungi*）就以這樣的一段描述：「這個又黑又老又腐爛的樣品，據說價格相當於四倍重量的銀。」1949 年之後，中國對西方社會的封閉政策扼殺了冬蟲夏草的生意。直到 1993 年，冬蟲夏草才再度受到矚目，原因是當年在德國斯圖加特舉辦的世界田徑錦標賽中，默默無名的中國田徑選手隊，竟然跑出了女子一千五百公尺、三千公尺以及一萬公尺，三面金牌的成績。一個月後，同一隊又在中國北京全國運動會裡一樣拿到同項目的三面金牌，而且都打破世界紀錄。對於這些成果，有一傳說是指出，這些中國運動員在訓練時都服用了冬蟲夏草。這不僅震撼了世界體壇，也再次將冬蟲夏草推向高峰，奠定了它在中國草藥界的地位，且被封為中國的「藥中之王」。不過，必須一提的是，1993 年那次的田徑表現，也同時壟罩在禁藥疑雲之中。

千年藥王？

◆

冬蟲夏草雖為中藥材中的後起之秀，卻被封為中國的「藥中之王」。然而，古書裡最早所描述的藥用功能，大概就是《本草綱目拾遺》裡所說「功與人參同」，也就是跟人參一樣而已。冬蟲夏草也許有千年歷史，不過實不可考，《本草綱目拾遺》之前，多以傳說居多。這些描述也許只是出於要推銷冬蟲夏草的手段，畢竟，百年成妖，千年成精。沒有千年哪有資格與靈芝、鹿茸平起平坐，堪稱三大補品？

步步晉升仙藥

除了藥用記載與奇特的生活史，冬蟲夏草更是一個充滿神話色彩的真菌。西藏雖有許多關於冬蟲夏草的傳說，但皆與它的療效無關。傳說中，冬蟲夏草是犯了誡條的僧人死

後的化身，並且不斷輪迴受罰。也有傳說冬蟲夏草是天神的腸子，所以西藏人對冬蟲夏草敬而遠之，然而外地人卻趨之若鶩，奉為神藥。

冬蟲夏草如何入藥，就與許多中藥材一樣，只能由民間傳說得知了。最早的文獻中，皆是指出它可以治療肺部、腎臟與呼吸道疾病，如《本草備要》所記載：「冬蟲夏草、甘平、保肺益腎、止血化痰、已勞嗽」。不過，在《本草問答》〈五〉中，冬蟲夏草成了「至靈之品也。故欲補下焦之陽。則單用根。若益上焦之陰。則兼用苗……故二冬能清肺金。忍冬能清風熱。冬青子滋腎。其分別處又以根白者入肝。藤蔓草走經絡。冬青子色黑。則入腎滋陰至於半夏……」，多了滋陰補陽與補肝的功能。

清代張晉生的《四川通志》提到：「冬蟲夏草出裡塘撥浪工山，性溫暖，補精益髓。」《柑園小識》也說：「……以酒浸數枚噉之，治腰膝間痛楚，有益腎之功……」，所以冬蟲夏草也能治「腰膝酸痛」。另外，《本草再新》記載：「有小毒，入肺腎二經」；《本草正義》：「入房中藥用……此物補腎，乃興陽之作用，宜於真寒，而不易於虛熱，能治蠱脹者，亦脾腎之虛寒也。……趙氏引諸家之說極多，皆言其興陽溫腎……」；《重慶堂隨筆》：「冬蟲夏草，具溫和平補之性，為虛癆、虛疢、虛脹、虛痛之聖藥，攻勝九香蟲。凡陰虛陽亢而為喘逆痰嗽者，投之悉效，不但調經種子有專能也。」冬蟲夏草的功效，據自古以來的記載，到現在已經進展到了「神丹妙藥」的階段了，就如同其他中藥一樣，只因稀少或採集困難，就會開始產生傳說，靈芝也是如此，再過些時日必能得道成「仙藥」。只是現在資訊發達，資訊傳播快速，草藥得道成仙的速度愈來愈快，依照這樣的發展，相信臺灣特有種牛樟芝不假時日，也能加入神丹妙藥的行列。

Ganoderma lucidum

中國草藥之王

靈芝
Ganoderma lucidum

靈芝在華人的心目中，已經超越了「藥用真菌」，昇華到與中華文化有著深深的連結，地位之高沒有任何一種菇或是菌能夠望其項背，它甚至有專屬的傳說。在古人眼中，靈芝幾乎能治百病，由「內」有養氣滋補，由「外」有堅筋骨與利關節。它不僅對各器官都有療效，還有增強記憶、安定心神、強化心血管、潤肺補肝、益脾補精、抗老還聰，更不能不提抗癌。可以說由內到外，由頭到腳都照顧到了。

分類與六芝傳奇

　　靈芝屬是 1881 年由芬蘭的植物學者卡斯坦（Peter Adolph Karsten）根據菇體具有發亮的表皮而建立，並以靈芝為此屬的代表種。而後靈芝屬的定義經多位學者的研究，認為其主要特徵為其具有雙層細胞壁的擔孢子。靈芝屬於多孔菌類，其子實體下層表面有許多孔狀構造，每一個孔裡面孕育著擔孢子。靈芝與其他多孔菌最大的不同在於，靈芝的擔孢子表面有許多孔洞，是具有兩層細胞壁，由幾丁質與葡聚醣為主的多醣體結構，其兩層細胞壁之間有網狀結構。靈芝科目前被記錄有三百五十三種（Index Fungorum，2021），光是臺灣就有五十四種（台灣物種名錄，2021）。

　　《太上靈寶芝草品》是傳世最早的靈芝典籍，是一部具有宗教色彩的圖鑑，也是迄今已知世界上最早的菌類圖鑑。

◆ 原生地（發現地）
中國。

◆ 拉丁名稱原義
Ganoderma，ganos 是希臘字，意思是「閃亮」。derma 是希臘字，意思是「皮膚」。
lucidum，拉丁字 lucidus 意思是「閃亮」，指的是菇體表面的光澤。

◆ 應用
食用、醫療藥用與農業。

靈芝被道教奉為仙藥，書中記述靈芝一百零三種的產地、性味、形態和服用價值，為研究古代靈芝文化的重要文獻。其中描述：「木菌芝，生於名山之陰穀中，樹木上生，本三節，色青，味甘辛，食之萬年仙矣。」說明靈芝的生物學特性（生長、形態）——生長在煙霧繚繞（濕氣重）的山裡（溫度低）的樹木（培養基質）之上；而「味甘辛」說明了其口感苦味以及「食之萬年仙矣」的神話。自古，道教就鍾情於靈芝，道教典籍《種芝草法》當中描述道士在採集靈芝時的諸多儀式。認為只要清養修煉同時服食「仙藥」，便能得道成仙。

靈芝人工栽培的方法，最早被記錄在道家的《種芝經》與《種芝草法》裡，然而這些早期的道教著作充滿仙人種芝的神話，與古農書記載的種菇方法大異其趣，文字中還是以宗教儀式為主，是否真能人工種植就不得而知。比較可信且實際的方法出現在李時珍的《本草綱目》，其中「方士以木積濕處，用藥敷之，即生五色芝。」這裡的「藥」其實就是含有靈芝孢子的培養基，種植時間也都選在冬至的時候，推測應該是低溫可減少雜菌的汙染。

古籍記載的靈芝有六種，也就是赤、青、黃、白、黑、紫六芝，且都列為上品。《本草綱目》對六芝有詳細的記載與分析。然而，光是以古書描述實難判斷這六芝為何物。比較能確定的是，赤芝就是一般常見的靈芝，菌傘腎形、半圓形或近圓形，表面紅褐色有漆樣光澤，菌柄與菌傘同色或較深。紫芝（*Ganoderma sinense*），菌傘褐色、紫黑色或近黑色，菌肉是褐色。另外，畢竟黑色的菇較少見，所以黑芝有可能指的是假芝（*Amauroderma rugosum*）。不過，也有其他可食用的菇也是黑色，例如灰黑喇叭菌。另外，黃芝應該就是硫色絢孔菌（*Laetiporus sulphureus*），新鮮的菌傘肉質多汁，可達數公斤重；還有同樣原生於中國北方的金黃鮑魚菇（*Pleurotus citrinopileatus Singer*）也是有著絢麗金黃色的可食用菇。另外，雞油菌（*Cantharellus cibarius*）也一樣是黃色的美味菇類。不過這三種黃菇，可長到數公斤的只有硫色絢孔菌。青芝可能指的就是彩絨栓菌（*Trametes versicolor*），也有可能是雲芝（*Coriolus versicolor*），具

革質傘蓋，表面有短絨毛，富多樣色彩變化。雲芝又因為其外型被西方稱為火雞尾巴（*turkey tail*），最近的研究也證實它具有防癌功效。白芝就比較難界定了，不過依照《抱樸子》中提到，白芝如「截肪」，也就是跟切開的脂肪一樣白，那有可能是雪白乾酪菌（*Tyromyces chioneus*），只不過這菌不能食用，或說有苦味難下嚥。白芝也可能指的是藥用擬層孔菌（*Fomitopis officinalis*，又名苦白蹄）

妾在巫山之陽

相傳，炎帝的第三個女兒名叫瑤姬，長得非常漂亮，但不幸紅顏早逝。她的靈魂飄到「姑瑤山」，變成了「䔄草」。凡人吃了，思念的人就會來到夢中相會。炎帝因女兒的死，非常傷心，因此封瑤姬為巫山之神，早晨化成雲，在群山之間徜徉，傍晚變成雨，把哀怨的情緒傾瀉到千里外的長江。

瑤姬的故事，也被記載在戰國初年到漢朝初年的《山海經》〈中次七經〉當中，描述楚懷王來到雲夢這個地方，住在高唐會館，中午小休時，瑤姬來到了楚懷王的夢中，向楚懷王傾訴愛情：「妾在巫山之陽，高丘之岨，且為朝雲，暮為行雨，朝朝暮暮，陽臺之下」。

思念瑤姬的楚懷王於是在雲夢蓋了一間叫做「朝雲」的廟來紀念瑤姬。說也奇怪，後來楚懷王的兒子楚襄王重遊此地時，也作了一樣的夢。當時隨楚襄王遊雲夢的宋玉記下楚襄王的夢境，寫成《神女賦》，也把楚懷王的遭遇寫進《高唐賦》。之後，唐朝人余知古在《渚宮舊事》說：「精魂為草，實乃靈芝。」此處的「靈芝」指的就是「瑤姬」。瑤姬的精魂，飄散變成了氣，又凝聚成了某物，這某物就是靈芝。更近代的《紅樓夢》，當中，林黛玉被描述成「絳珠仙草」的化身，這描述，就是作者曹雪芹借用了瑤姬的傳說，來描繪女主角林黛玉的美。

畫中靈芝

◆

靈芝自古也出現在許多藝術作品當中。例如，自秦漢以來的石刻、雕塑、繪畫都有以靈芝為題材的作品。在陝北出土的東漢石刻像和古墓壁畫裡中，可看到仙人手執靈芝，在雲中招引亡者成仙。十四世紀的山西芮城縣永樂宮壁畫，有玉女手捧靈芝的圖像。另外，清代畫家吳友如和任熊的《麻姑獻壽圖》中也有靈芝出現。《瑞草圖》所繪的白娘子盜仙草也一樣是以靈芝為主題。還有，絲織品、瓷器、窗花剪紙或其他裝飾物上，也經常出現靈芝的圖騰。靈芝也見於建築的欄、柱、梁、簷與脊等處。靈芝菌蓋表面有一輪輪環紋，被稱為「瑞徵」或「慶雲」，象徵吉祥，之後更演變成「如意」。

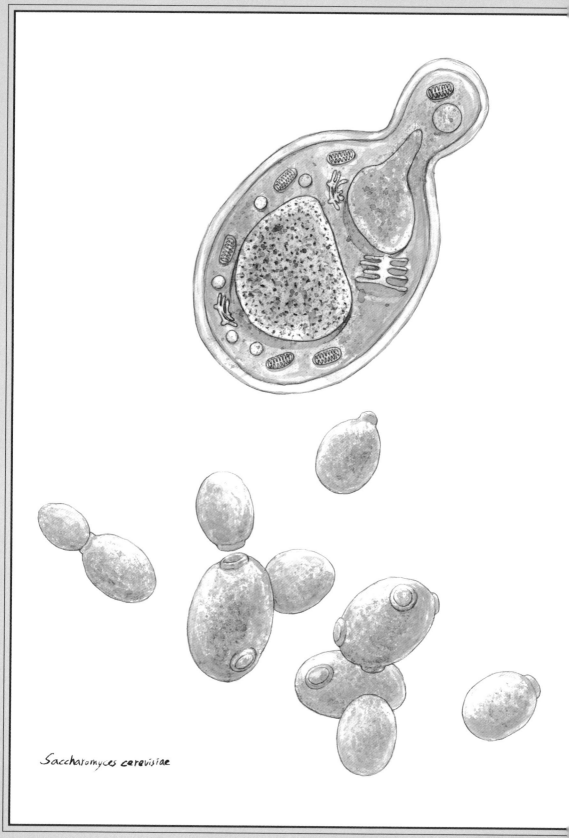

Saccharomyces cerevisiae

戴奧尼索斯的魔法

釀酒酵母菌
Saccharomyces cerevisiae

酵母菌在人類的飲食歷史上，扮演著非常重要的角色，若不是礙於篇幅，絕對值得為它寫好幾本書。酵母菌讓人類頭一次嚐到微醺滋味、讓人類不必再冒著風險啃咬可能會弄斷牙齒的硬麵包、讓人類找到能保存牛奶的方法，還讓東方人不必再吃飯配鹽巴。不過，這一次我們就以「酒」的角度來談談酵母菌。

發現歷史

　　傳說，酵母菌早在四千年前就被古埃及人開始用來釀酒與製作麵包了。而約三千五百年前中國的殷商時期，酵母菌也被用來釀造米酒。不過，真正的科學觀察與研究要到西元 1680 年，荷蘭科學家范雷文霍克（Antonie Philips van Leeuwenhoek）首次利用顯微鏡觀察到酵母菌，但當時尚無法將其納入生物體的範疇內。范雷文霍克於 1680 年 7 月 14 日在一封寫給皇家學會會員蓋爾（Thomas Gale）的信中提及：

　　「我已經對酵母作了一些觀察，並且在整個過程中都有看到，清澈的發酵液裡一直有之前提到過的漂浮小球，那些小球，我認為就是啤酒……」（I have made several observations concerning yeast and seen throughout that the aforesaid consisted of globules floating through a clear substance, which I judged to be beer…）

◆ 原生地（發現地）
世界各地。

◆ 拉丁名稱原義
Saccharo，經由拉丁字演化而來的希臘字 sakkharon，追根是來自梵文 *śarkarā*，意思是「糖」。*myces* 是新拉丁字，起源於希臘 *mykēs*，意思是「真菌」。*cerevisia* 這個字的所有格是 cerevisiae，又可寫成 cervisia，意思是「啤酒」。

◆ 應用
食用、醫療藥用、釀造、農業、工業以及科學研究。

范雷文霍克繼續說明：

「……此外，我清楚地看到，每一個酵母小球會變成六個個別的小球，這些小球與我們血液中的小球大小相同。」

（...in addition I saw clearly that every globule of yeast in turn existed of six distinct globules and that just of the same size and fabric as the globules of our blood.）

值得注意的是，我們的紅血球直徑約七微米（μm），這的確與酵母菌細胞的大小相似。之後，過了一百五十九年，才有所謂的「細胞理論」出現。

1857 年，巴斯德（Louis Pasteur）首先描述釀酒過程是來自酵母菌的發酵作用，而不是簡單的化學催化作用。巴斯德實驗將空氣送進釀酒發酵液中，結果酵母菌增加了，酒精產量卻減少（轉化酒精必須要處於無氧發酵的狀態），這個現象也就是後人所稱的「巴斯德效應」。

啤酒

相傳，啤酒於西元前 3000 年由日耳曼人及凱爾特人帶到歐洲，主要是以家庭式的釀造坊來製作。早期歐洲的啤酒釀造過程有可能添加水果、蜂蜜以及各種植物香料，但並沒有添加「啤酒花」的記載。「啤酒花」是一種多年生草本植物，是啤酒獨特的清爽苦味和芬芳香氣的來源，也是「啤酒的靈魂」。

於德國南部出土的釀酒文物顯示，西元前 800 年就開始有啤酒釀造。中古世紀修道院修士會釀造啤酒來販賣。但是，添加啤酒花的作法，卻是在一千多年之後的西元 822年左右，從一個卡洛林王朝的修道院長開始的。

家庭式的釀造後來演變成酒廠，例如荷蘭的上等窖藏啤酒葛蘭斯（Grolsch，1615 年）與英國（當初還是隸屬英國的愛爾蘭）健力士（Guinness）醇黑生啤酒（1690 年）。後來，由於冷凍技術的發展與酵母菌的純種培養技術成熟，

啤酒的品質趨於穩定，便開始出現大規模生產啤酒的工廠。1837 年，世界第一個工業化量產「瓶裝啤酒」的工廠在丹麥首都哥本哈根誕生了。

之後的十年間，整個歐洲的釀酒皆往工業化大量生產的方向走去，例如荷蘭的海尼根（Heineken，1873 年）與丹麥的嘉士伯（Carlsberg，1847 年）。美國則是在 1876 年之後開始加入戰局，如百威啤酒（Budweiser，1879 年）與美樂啤酒（Miller，1855 年）。歐美以外，還有日本札幌啤酒（Sapporo，1876 年）與朝日啤酒（Asahi，1880 年）、加拿大的拉巴特啤酒（Labatt's，1847 年）以及菲律賓的生力啤酒（San Miguel，1890 年）。

用於釀造啤酒的酵母菌，根據發酵類型的不同，主要分為兩大類：麥酒（艾爾）酵母（ale yeast）與窖藏（拉格）酵母（lager yeast）。麥酒酵母在發酵期間會在表層產生很多泡沫，讓人誤以為酵母上升至啤酒表層，所以稱為「上層發酵」。窖藏酵母則沒有那麼多的泡沫，所以其發酵作用又稱為「底層發酵」（事實上，不管上層或是底層發酵，酵母都是沉在發酵桶底部的），與上層發酵方法相比，底層發酵的發酵溫度較低，發酵時間較長。

現在，不論是釀麥酒的釀酒酵母（*Saccharomyces cerevisiae*），亦或是用於窖藏啤酒釀造的貝式酵母（*Saccharomyces bayanus*，又名巴式酵母〔*Saccharomyces pastorianus*〕）都被稱作「啤酒酵母菌」。這裡必須要說明的是，所謂的貝式酵母或是巴式酵母其實是混雜了三種酵母菌的統稱，這些酵母分別是釀酒酵母、葡萄酵母（*Saccharomyces uvarum*）與真貝酵母（*Saccharomyces eubayanus*）。

另外，還有常聽到的嘉士伯酵母（*Saccharomyces carlsbergensis*）則是含有兩倍真貝酵母基因體與單倍釀酒酵母基因體的一種三倍體雜交酵母。

葡萄酒

葡萄酒的傳統釀造法，是利用黏附於果皮上的天然酵母菌來釀製。據說西元前 8000 至 6000 年左右，中亞地區就有人釀造葡萄酒，西元前 2500 年，就有關於釀酒的象形文字由中亞流傳到埃及。

西元前 1700 年，古巴比倫帝國的《漢摩拉比法典》（*The Code of Hammurabi*）中規定，不得販賣葡萄酒給酒品不好的人。西元前 1730 年，埃及法老拉美西斯一世（Ramesses I）的墳墓壁畫中描繪了釀酒的方法。到了西元前 200 至 100 年，葡萄酒隨著羅馬帝國的擴張而流傳各地，舊約聖經中也有關於葡萄酒的記載。根據現有的考古資料顯示，葡萄的栽培與葡萄酒的釀造技術，隨著人類探險、遷徙與交通發展，一路從小亞細亞和埃及，傳到了地中海鄰近國家，有歐洲的希臘、義大利、法國與西班牙，還有非洲北部的利比亞。不僅是地中海沿岸，葡萄酒釀造技術也一路經由陸路的多瑙河河谷，傳入中歐地區。

酵母菌遺傳工程

◆

麵包酵母菌（也是釀酒酵母）也是遺傳學研究的模式系統之一。1978 年科學家發明了將外來基因轉殖進入酵母菌的方法，從此開啟了酵母菌遺傳工程大門。1980 年代，利用遺傳工程改造的酵母菌，被用來製造 B 型肝炎疫苗，除此之外，也被應用在發電、生產胰島素、產生酵素與蛋白。1996 年，酵母菌基因組計畫完成六千個基因解碼，此為人類所完成的第一個真核生物基因組計畫，這個成就也奠定後來人類基因組計畫完成（2001 年）的基礎。

Botrytis cinerea

酒中之王，王者之酒

灰黴菌
Botrytis cinerea

灰黴菌是少數讓某一群農民（草莓農）恨之入骨，可是卻又讓另一群農民（葡萄農）眉開眼笑的真菌。灰黴菌的命名跟其孢子束也剛好長得像成串葡萄有關，它是一種壞死真菌，會造成「灰黴病」（botrytis bunch rot）或「貴腐病」（noble rot），會感染植物甚至令宿主死亡。「灰黴菌」指的是該種真菌的無性世代，有性世代很罕見，被另外命名為「法克爾氏長青葡萄孢菌」（*Botryotinia fuckeliana*）。灰黴菌讓人類釀造出全世界最高級的甜白葡萄酒——貴腐酒。

真菌界的雙面貴族

　　灰黴病會感染多種觀賞植物，例如菊花、矮牽牛、玫瑰、向日葵、甜豌豆等；也會感染蔬菜和水果，例如豆類、甜菜、胡蘿蔔、茄子、葡萄、洋蔥、草莓、大頭菜、番茄等。然而，真正讓它聲名大噪的，是受感染的葡萄所製作的葡萄酒。葡萄農對灰黴菌又愛又恨，因為它對葡萄的影響分成兩種——第一種是「灰黴病」，好發於持續潮濕的環境，第二種是「貴腐病」，發生於旱季與雨季相繼而來的葡萄生長環境。葡萄一旦感染貴腐病，果實中的水分會有效率地減少，糖分與酸度被高度濃縮，使甜度大增，香氣濃鬱，可用來製作甜度高的甜點酒（dessert wines）。

◆ 原生地（發現地）
世界各地。

◆ 拉丁名稱原義
Botrytis，來自古希臘字botrys意思就是葡萄。字尾 –itis 是疾病的意思。*cinerea* 是個拉丁字，意思是被灰染色（ash-colored），ciner– 字首就是「被灑灰」或是「灰」的意思。

◆ 應用
科學研究、疾病與農業。

最知名的甜點酒有法國索甸（Sauternes）貴腐酒、匈牙利多凱（Tokaj）的阿蘇葡萄酒（Aszú）以及羅馬尼亞科特納里（Cotnari）的格萊莎葡萄酒（Gras de Cotnari）。

法國最知名的貴腐酒產區波爾多（Bordeaux）格拉夫區（Graves）的索甸，從十八世紀就開始生產貴腐酒。主要的葡萄品種是榭密雍（Sémillon）、白蘇維濃（Sauvignon blanc）與蜜思卡岱勒（Muscadelle）葡萄。索甸的酒有檸檬與桃子的香味、貴腐菌的特有氣味，和橡木的味道。經陳釀，會有更多層次的特殊風味，當然，價格也不斐。

貴腐酒以生產的酒莊來分級，伊肯堡（Château d'Yquem）同名葡萄酒屬於特級酒莊，除此之外，一級酒莊和二級酒莊也已經有極高水準的表現了。由於氣候的關係，索甸是少數會持續出現貴腐病的產地。然而，即使常出現貴腐病，貴腐酒的生產仍是可遇不可求，每期收穫的產量也有極大差異——物以稀為貴，這也是貴腐酒高貴的原因。

伊肯堡

◆

伊肯堡位於波爾多格拉夫區的索甸。在 1855 年的波爾多葡萄酒的官方分類當中，伊肯堡是索甸地區唯一被評等的葡萄酒。由伊肯堡來的酒具有多重風味、濃郁以及甜美的特徵，相對較高的酸度平衡了甜度。伊肯堡的酒很耐收藏，只要照顧得當，可儲存熟成超過一百年而風味不減。熟陳過程中，水果香甜味會逐漸轉淡，取而代之的是更複雜的二級和三級口味的交疊。2006 年，一批 135 瓶，年份橫跨 1860 至 2003 年的酒在倫敦以一百五十萬美元出售給古董酒公司，為史上身價最高的一批酒。同年，伊肯堡還與知名法國高級時尚品牌 Christian Dior 共同開發含有伊肯堡葡萄樹汁液的護膚產品。2011 年 7 月，一瓶 1811 年的伊肯堡貴腐酒以七萬五千英鎊在倫敦售出，是史上賣出價格最高的酒。

匈牙利北部的「皇家多凱」（Royal Tokaji）貴腐甜酒也一樣遠近馳名，曾經被法王路易十四（Louis XIV）譽為「酒中之王，王者之酒」（le roi des vins et le vin des rois）。皇家多凱貴腐甜酒深受俄國沙皇的青睞，當時俄國沙皇甚至在多凱租用葡萄莊園，專門釀製貴腐甜酒，並派軍隊駐守。傳說，貴腐酒因為太好喝了，連引領亡者靈魂的天使都依依不捨而忘了回天堂，難怪在歌德的作品《浮士德》當中，貴腐甜酒被稱為「生命之泉」。

貴腐酒的崛起

目前大多數的法國葡萄栽培，被認為是在羅馬帝國時期（西元前 87 年）由羅馬人引進的。然而甜葡萄酒生產的最早證據，只追溯到十七世紀。當時，英國人是波爾多酒的主要消費群，英國人自中世紀以來就很愛喝波爾多酒，而且偏愛紅葡萄酒，還將之稱為「Claret」（深紅）。

十七世紀，荷蘭商人看上波爾多白酒，開始投資在當地種植白葡萄，他們引進德國的白葡萄酒釀造技術，例如使用硫來停止發酵（硫是抗微生物劑，可以減緩酵母的生長與活性），維持剩餘的糖以保持甜度。作法是以蠟燭芯浸入硫磺中，然後在發酵桶內點燃。空氣中的硫會慢慢被葡萄發酵液吸收，發酵就減緩了。荷蘭人確定索甸是適合種植白葡萄，並可以生產白葡萄酒的地區，該區域所生產的葡萄酒，當時被稱為「甜葡萄酒」（vins liquoreux），但不確定那時的荷蘭人是否已經開始使用有貴腐病的葡萄來釀酒。

用真菌感染的爛葡萄來釀酒也許對於消費者來說並沒有太大的吸引力，也因此釀酒商人一直對於灰黴菌守口如瓶。從十七世紀就有記載，到了每年 10 月，榭密雍葡萄已經被感染了貴腐病，葡萄園工人必須要將健康與腐爛的葡萄分開，但是工人們並不知道這些腐爛的葡萄是否要被用來釀酒。到了十八世紀，在多凱和德國使用貴腐葡萄的作法已是眾所周知的「公開祕密」。

美國第三任總統傑佛遜（Thomas Jefferson）是個品酒專家。當時還是駐法大使的他（1785 至 1789 年間），有一次拜訪了伊肯堡，稍後他寫道：「索甸甜酒是法國最好的白酒。」他隨後訂了兩百五十瓶 1784 年分的酒給自己，也訂了三十箱給華盛頓總統，不過，當時的索甸尚沒有用貴腐病染病葡萄來釀酒的技術，所以傑佛遜喝到的應該是一般甜白酒。

與大部分的波爾多酒產區一樣，索甸區屬於海洋性氣候，秋天時會有秋霜、冰雹和暴雨，足以摧毀整個年度的生產。索甸區位於波爾多市東南四十公里處，有加隆河（Garonne）流經以及其支流西洪溪（Ciron）。西洪溪的水源來自泉水，所以水比加隆河更冰涼。在秋天時，那裡的氣候溫暖而乾燥，兩河相遇之處，因為河水的溫度不同而會起霧。霧氣在傍晚到隔天早晨時飄散過葡萄園，造就了非常適合灰黴菌生長的條件。到了中午時分，溫暖的太陽有助於驅散霧氣並乾燥貴腐葡萄，避免其他腐敗病的形成。

廣義的索甸產區由五個小產區組成，分別是巴薩克（Barsac）、索甸、博美（Bommes）、琺戈（Fargues）以及佩納可（Preignac）。若某一年葡萄沒有染上貴腐病，索甸區的葡萄酒生產者往往會生產干白酒（les vins blancs secs），並將這些酒通稱為波爾多，而非索甸。要符合能稱作索甸酒的條件，葡萄酒的酒精濃度必須高於 13%，並通過品酒測試，雖需具備特有甜味，但並沒有實際規範要有多少糖的殘留。

Aspergillus oryzae

米麴菌
Aspergillus oryzae

若要選出一種真菌代表亞洲，榮耀非「米麴菌」莫屬。任何真菌都無法超越米麴菌在亞洲的飲食界地位。除了被用來發酵大豆以製作成醬油、味噌與甜麵醬，也被用於糖化稻米、馬鈴薯與麥等糧食來發酵製作成酒類，如清酒與燒酎等；還有被用來製作米醋。雖然米麴菌直到十九世紀才被正式分離出，但早在這之前的 1766 年，充滿生意頭腦的美國人包溫（Samuel Bowen）就已經從中國學得釀造技術，開始在喬治亞州販賣與出口醬油。

成為國菌的千年之路

要理出米麴菌的歷史脈絡，就不能不伴隨「米的發酵」。據記載，米麴起源於中國。西元前 300 年，中國周朝的《周曆》首先有「曲」的文字記載，「曲」即是「麴」，這也是第一個與醬油、味噌以及清酒相關的史料描述。根據西元前 90 年於司馬遷的《史記》，「發酵的黑豆」與「醬」已經是商業活動中常見的大宗貨品。到了西元 100 年，《禮記》當中更描述如何製作清酒，也是已知最早描述如何製作清酒的史料，而西元 121 年東漢許慎的《說文解字》中更提到「麴」的定義，也是最早有具體文字描述「麴」的文獻：「籟：酒母也。從米，鞠省聲。」

米麴與釀酒技術雖起源於中國，不過真正將其發揚光大並流傳到西方為世人所知的是日本。1712 年，曾短暫

◆ 原生地（發現地）
中國。

◆ 拉丁名稱原義
Aspergillus，由拉丁字 aspergillum（是一種來潑灑聖水的器具）而來，根據形狀命名。
oryzae，oryza（所有格 orȳzae）「米」的意思。

◆ 應用
釀造與工業科學研究。

旅居日本的坎普弗爾（Engelbert Kaempfer）所著的《異國新奇》（*Amoenitatum exoticarum politico–physico–medicarum*）裡，提到「麴」是製作味噌最重要的過程，不過當初可能因為發音的問題，坎普弗爾稱「麴」為「koos」。1779 年《大英百科全書》（*Encyclopaedia Britannica*）第二版中，在介紹「扁豆」的章節就有題到「koos」，承襲坎普弗爾的說法。1876 年，於日本東京醫學校（即今日的東京大學醫學部）任教的德國教師阿勒堡（Herman Ahlburg）分離出米麴，1878 年 3 月，松原新之助在《東京醫學雜誌》發表的〈米麴理論〉（麴の説）是第一個指出米麴菌的拉丁名稱（分類的二名法）的科學論文。當時，松原將米麴命名歸類在散囊菌屬（*Eurotium*），並將之命名為「米散囊菌」（*Eurotium oryzae*），之後在 1884 年，米麴被德國生物學家孔恩（Ferdinand Julius Cohn）將其從散囊菌屬移至麴菌屬，並重新命名為「米麴菌」。

1894 年，高峰讓吉申請了「高峰氏澱粉酶」的專利，其實就是米麴菌產生的澱粉酶。澱粉酶是第一個在美國得到專利的微生物酶。隔年 7 月，高峰讓吉與派德藥廠（Parke, Davis & co）簽訂合作合約來製造「高峰氏澱粉酶」，也是在北美地區已知最早商業化生產的酶。1972 年，埃勒皇貿易有限公司（Erewhon Trading co., Inc.）開始進口日本的傳統食物「麴」。這時，「麴」已經被世界公認是日本的傳統食物。米麴菌更在 2005 年完成基因體定序，而就在前一年，日本東北大學名譽教授一島英治於《日本釀造學會誌》中，提議將「米麴菌」定為日本國菌，而於 2006 年 10 月 12 日，日本釀造學會正式於大會上通過了這個提案。

清酒、味噌與醬油

清酒是以米與米麴菌釀造而成，有日本國酒之稱。關於在酒屋中販賣清酒的文獻記載，最早出現於古詩歌總集《萬葉集》（成書年代介於西元 710~794 年）當中。西元 927 年，在律書《延喜式》中有詳細記載當時的釀酒方法——主要由

皇室釀製，供天皇飲用或特定儀式中使用。到了十五世紀，釀酒的工作轉移到了神社與寺院，釀酒技術已趨成熟。當時的作法是利用乳酸菌發酵，產生可抑制雜菌生長的酸，也就是「酒母」，然後再將麴、水和蒸熟的米加入酒母之中。在室町時代（十六世紀），專業釀酒法已經傳到寺院與神社以外，且已有酒類商品在銷售。日本的九大清酒品牌，也都是老字號，分別是大關、日本盛、月桂冠、白雪、白鹿、白鶴、菊正宗、富貴與御代榮。

味噌是日本飲食文化中不可或缺的調味料，其歷史有千年以上。黃豆中加入麴菌及鹽巴，經過一段時間發酵後，就成了味噌。味噌的不同色澤與不同風味取決於麴菌的種類、麴菌和鹽巴的比例以及發酵熟成時間的長短。味噌在奈良時代（西元 710~794 年）就已經出現在文獻當中了，當時稱為「末醬」。到了室町時代，味噌開始在日本各地蓬勃發展，那時的味噌會保留米或大豆的顆粒。日本戰國時期，味噌更是重要的軍糧。

醬油主要是利用米麴菌在大豆上生長發酵而來，對遠東飲食文化的影響甚鉅。根據史料顯示，最早以植物為材料釀製的醬油稱為「豆醬」，「豆醬」在漢朝或之前就已經普及，當時東漢王充所寫的《論衡》（西元 27~97 年）一書就有提到：「世諱作豆醬惡聞雷……」。其意思大概是，一般人做豆醬最忌諱聽到雷聲。以此推敲，製作豆醬已經是老百姓生活的一部分，因此才有特殊忌諱。「醬油」一詞最早出現在中國南宋，林洪所寫的食譜書《山家清供》（西元 960~1279 年）中：「……用薑絲、醬油、滴醋拌食……」，此後，醬油一詞就普遍出現在各書籍中。不過因各地方的方言口語不同，仍有其他的稱呼，像清醬、豉油與豆油等，都是醬油的別稱。

醬油之王：魯氏接合酵母
Zygosaccharomyces rouxii

◆

製作醬油需要經過很多階段的發酵，其中也參與了很多不同的微生物。但最重要的一個過程，也是生產高品質醬油的精髓，就是讓醬油產生焦糖般的香氣，而這個步驟沒有魯氏接合酵母是辦不到的。直到 1970 年，日本的科學家確認魯氏接合酵母產生的風味主要是來自「呋喃酮」。魯氏接合酵母通常被發現在高滲透壓的地方（例如高鹽度與高糖分）棲息，例如醬油、蜂蜜、楓糖漿以及紅酒等。在遠東地區，魯氏接合酵母在醃製與發酵製備食品上扮演重要的角色，其中最著名的就是醬油與味噌，在製作黑醋的早期階段有重要功用。魯氏接合酵母是少有的腐敗酵母菌被用在腐壞的食物上，仍然能符合良好生產規範（GMP）的菌。

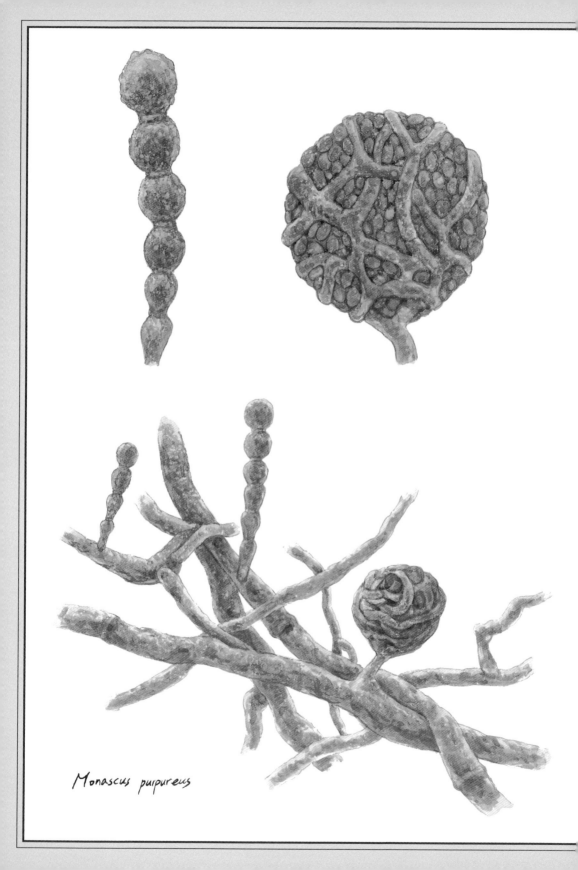

Monascus purpureus

紅色的滋味

紅麴菌
Monascus purpureus

紅麴菌是屬海洋真菌的一支，1895 年時於地中海地區被分離出。不過，早在 1884 年，就有荷蘭科學家在爪哇島發現當地居民使用長滿紅黴的米，並鑑定與分類了好幾種紅麴。1973 年，日本人遠藤章在青黴菌（Penicillium）的培養基當中發現了紅麴。1980 年之後，他更進一步發現紅麴可以抑制膽固醇合成。1985 年美國人布朗（Michael S. Brown）與戈爾茨坦（Joseph L. Goldstein）研究發現由紅麴菌產生的莫那可林（Monacolin）抑制膽固醇合成的作用機轉，並因此獲得諾貝爾獎，紅麴從此聲名大噪。臺灣的紅麴由早期渡海移民的中國人傳入，之後日本學者在臺灣分離出本土紅麴，並命名為赤紅紅麴（*Monascus anka*），anka 是臺語「紅麴」的讀音。

◆ 原生地（發現地）
最早記載於 1637 年《天工開物》。1895 年在地中海被分離出。

◆ 拉丁名稱原義
Mon，意思是「單一」。*ascus*，意思是「囊」。所以這字意就是「單一子囊」。
purpureus，意思是「深紅」。

◆ 應用
食用與釀造。

可食用的紅

紅色在中華文化中是吉祥的顏色，食物也要染成紅色才討喜。福建泉州一帶的傳統食材「紅糟」，其實就是紅麴米和釀酒剩下的酒餅發酵而成的再製品，把五花肉浸入紅糟製成「紅糟肉」，淡淡酒香與桃紅色澤實為人間美味。其實，在食物中添加紅麴的另一個目的是為了防腐，因為中國南方氣候溫暖，夏季潮濕，保存食物不易。

據說，紅麴的起源可追溯至近兩千年前的東亞，不過，最早有實際文獻是在中國北宋或五代時期，當時曾有陶穀

在《清異錄》（西元 965 年）上記載：「孟蜀尚食掌《食典》一百卷，有賜緋羊。其法以紅曲煮肉，緊卷石鎮，深入酒骨淹透，切如紙薄乃進，注云『酒骨糟』也。」這裡的「紅曲煮肉」指的就是用紅麴烹調肉類。《本草綱目》〈穀之四〉對紅麴也有所介紹：「經絡，是為營血，此造化自然之微妙也。造紅曲者，以白米飯受濕熱郁蒸變而為紅，即成真色，久亦不渝，此乃人窺造化之巧者也。故紅曲有治脾胃營血之功，得同氣相求之理。」而《中國藥學大辭典》（1977 年）對紅麴的主治功能則描述為：「酒食活血、健脾燥胃，治赤白下痢，下水穀。」

紅麴被使用在食品上的範圍很廣，有腐乳、米醋、叉燒還有北京烤鴨。除了這些食品之外，紅麴在傳統上常被用於食物染色。另外，紅麴也被用於釀酒，因為它會產生很多纖維酵素，有助於將纖維轉成葡萄糖；紹興酒、日本紅米酒（紅い酒）還有韓國紅酒，都是用紅麴釀的酒。

紅麴菌也可以產生好幾種天然的食用色素——紅色素（紅麴菌紫色素與紅斑胺）、橙色素（紅麴菌紅色素與紅斑素）及黃色素（紅麴黃素與紅麴菌黃色素）。紅麴與梔子花搭配可以產生更多樣的色素，不過，歐盟禁止使用梔子花成分的食用色素。在所有已知的天然色素中，紅麴色素相對比較穩定（熱、酸、高鹽、高糖以及鹽基物），酸鹼值的耐受度範圍大（pH3~12），因此可應用於蛋白性食品的著色。

近來，在動物實驗上研究也發現紅麴有降血壓的功效。紅麴在日本已獲准可以保健食品的形式販售。此外，紅麴產生的紅麴黴素 A 也被證實有抑菌的功效，可用作天然防腐劑用。紅麴菌可產生超氧歧化酵素（SOD），具有抗氧化的能力。紅麴所產生的抗氧化能力，廣義來說是有防癌與抗癌的潛力的，不過還需要更進一步的研究才能了解實際狀況。

莫那可林 K

◆

莫那可林 K（衛生署建議每日攝取量至少 4.8mg，但不得超過 15mg）是膽固醇合成的抑制劑，而且已經在實驗動物身上被證實；也有減緩植物生長的功用，因此被利用作除草劑；又可干擾昆蟲賀爾蒙的形成與成長，有殺蟲劑的效果。

不可食用的紅

　　紅麴在生長過程中會產生橘黴素（Citrinin），也就是所謂的「紅麴毒素」。橘黴素可以抑制造成食物腐敗的細菌生長，進而達到食物保存的功能，不過很不幸的是，這個抑菌劑對我們的身體也不好，食用過量會造成肝臟與腎臟負擔，長期過量會造成這些臟器的傷害。依據衛生署 2006 年「健康食品的保健功效評估方法和規格標準之建立成果報告」建議，健康產品應符合所含之橘黴素含量濃度低於百萬分之二（2 ppm）的規定。雖然不是所有紅麴都會產生毒素，但是只要在發酵環境不佳的狀況下，毒素就會很容易產生。但是光是由外觀實難判斷眼前的紅麴產品是否有含毒素，所以選擇大廠牌製造的商品可能是唯一比較能自保的方法。不然就是聽從醫生的建議，凡是肝腎功能不佳的患者，都要盡量避免食用。科學家也正在積極的努力研究，如何完善標準製程，才不會產生毒素。期待這個已經深入我們生活的「紅色味道」，能夠更安全，繼續代代相傳下去。

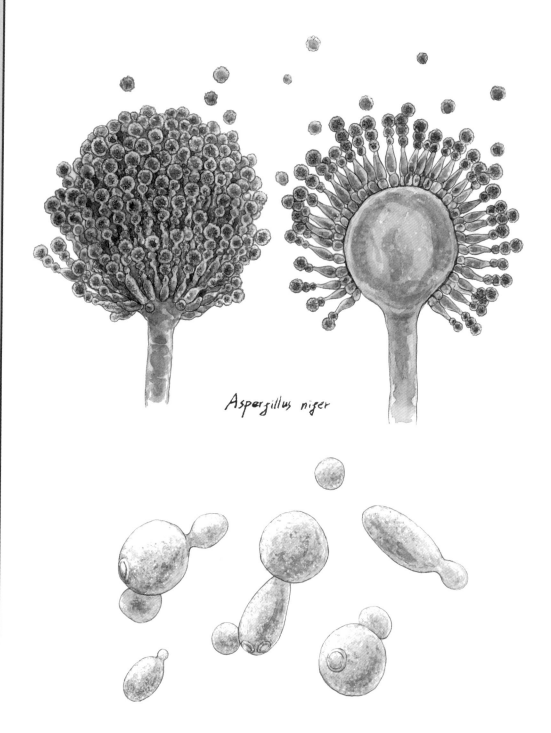

Aspergillus niger

Candida lipolytica

飲料工業的二次革命

黑麴菌與溶脂念珠菌

Aspergillus niger & Candida lipolytica

檸檬酸是食品與醫藥工業上很重要的原料。工業化生
產檸檬酸開始於 1809 年的義大利，當時主要是從柑
橘類水果中提煉。不過，1917 年，美國食品化學家
居禮（James Currie）發現利用黑麴菌發酵就可以非
常有效率的生產檸檬酸，成本也更低廉。快速、大量
又便宜的檸檬酸，除了摧毀了傳統檸檬酸產業，也徹
底改變了食品添加工業。黑麴菌也不只被用來生產檸
檬酸，還被用來發酵生產高果糖玉米糖漿，廣泛添加
於無酒精飲品、優酪乳以及餅乾當中。

高效率的檸檬酸生產者

　　檸檬酸是一種有機弱酸，又名枸櫞酸，無色無臭，有
很強的酸味，易溶於水。常用作天然防腐劑，以及食物和
無酒精飲料的酸味劑。此外，它也是一種對環境無害的清
潔劑。檸檬酸於八世紀時，由伊斯蘭鍊金術士海楊（Jabir
Ibn Hayyan）所發現。1784 年時，瑞典的化學家舍勒（Carl
Wilhelm Scheele）首先從檸檬汁中結晶分離出檸檬酸。
直到 1809 年，義大利柑橘產業才真正讓檸檬酸的生產進
到工業化量產的階段。1893 年，德國科學家韋默爾（Carl
Wehmer）發現灰綠青黴（*Penicillium glaucum*）可以利用
醣類為原料代謝製造檸檬酸，隔年便出現了利用發酵製作
檸檬酸的工廠。不過十年後，工廠就因為生產效率不佳，還
有揮之不去的汙染問題而關閉。然而，於 1913 年，科學家

黑麴菌
◆ 原生地（發現地）
世界各地。

◆ 拉丁名稱原義
Aspergillus，由拉丁字
aspergillum（是一種來
潑灑聖水的器具）而來，
根據形狀命名。
niger，黑色。

◆ 應用
工業與科學研究。

札霍斯基（B. Zahorsky）為一株可以生產檸檬酸的新真菌申請專利，也就是黑麴菌。1916 年，湯姆和居禮（Thom & Currie）進行了一系列黑麴菌的基礎研究，發現這一屬真菌都具有生產檸檬酸的能力，其中又以黑麴菌的生產效率最好；居禮這項研究開啟了檸檬酸工業發酵生產的新希望。不同於灰綠青黴，黑麴菌可以在酸鹼值介於 2.5~3.5 之間生存，這樣的酸鹼值不利其他微生物生長，所以大大降低了汙染。天然檸檬酸最初產於美國加州、義大利和西印度群島，到了 1922 年，世界檸檬酸的總銷售量有 90% 來自美國、英國與法國。1923 年，美國輝瑞大藥廠更建造了世界上第一家以黑麴菌發酵生產檸檬酸的工廠。

飲料工業長跑接力賽

　　用發酵生產檸檬酸的黑麴菌，改變了傳統由水果中提煉的方法，讓檸檬酸在更省錢的方式之下可以達到更高品質且得到更多產量。不過，由於發酵需要消耗大量的糖以及糧食，再加上檸檬酸的應用範圍愈來愈大，不僅是食品加工業當中非常重要的添加劑，同時也廣泛地應用於醫藥與染料工業上，因此用量逐年增加，不堪負荷。為了解決困境，人們發現了另一種可利用石化原料正烷烴為原料，發酵生產檸檬酸的真菌，那就是溶脂念珠菌。

　　1968 年，在日本已經發展出利用烷烴（石蠟）為碳源來發酵產生檸檬酸的新製程。利用溶脂念珠菌來代替黑麴菌作發酵，可生產出數量可觀的檸檬酸和異檸檬酸。

　　烷烴的價格低廉，再加上有許多生物都具有利用烷烴的能力，所以這項改變，大大影響了 1960 到 1970 年代的發酵工業。使用溶脂念珠菌生產檸檬酸，是一個典型的例子，也成為許多專利的主題。然而，當工業生產檸檬酸的流程是奠基於利用烷烴之上時，在製程中也會產生異檸檬酸，這除了會影響檸檬酸的生產量，也發生了回收的問題。此外，烷烴的價格自 1973 年以來增加了四倍，已不再是便宜的原物料。

接著，利用油和脂肪為碳源的檸檬酸生產製程出現了。以棕櫚油作為碳源，用溶脂念珠菌的突變株來生產檸檬酸的效率可以達到 145% 以上。還有其他的作法是小規模的利用黑麴菌來發酵油脂，以生產檸檬酸，也有以油脂作為黑麴菌唯一碳源發酵，以生產檸檬酸而成功的例子。雖然檸檬酸的生產可以利用油脂，而且產量效率又很高，但生產成本仍然過高，要與使用烷烴一樣價格低廉，目前還不可能。以石蠟為原料，利用溶脂念珠菌生產檸檬酸的方法，產量宣稱可高達 95%。1974 年輝瑞公司就將「利用溶脂念珠菌發酵的連續方法於單一生物反應器中，只須連續加入石蠟，發酵液連續取出」的方法獲得專利。

溶脂念珠菌
◆ 原生地（發現地）
動植物身上、土壤甚至醫院都有其蹤跡。

◆ 拉丁名稱原義
Candida，拉丁字，「白」的意思。
lipo，希臘字 *lípos*，意即「肥」。
lytica，「分解」的字根（lysis），來自希臘字，lusis 意思是「放鬆」。

◆ 應用
工業與科學研究。

檸檬酸的應用

◆

檸檬酸除了應用在飲料之外，也廣泛被應用在其他食品，例如果醬、釀造酒、冰淇淋等。醃製品與罐頭也都利用檸檬酸來作為酸味劑、緩衝劑、抗氧化劑、除腥脫臭劑與螯合劑等。在醫藥行業，檸檬酸糖漿及各種檸檬酸鹽，例如，檸檬酸鐵與檸檬酸鉀等，廣泛用於臨床及生化檢驗。在化工行業也常用作緩衝劑、催化劑、激活劑、增塑劑、螯合劑、清洗劑、吸附劑、穩定劑、消泡劑等。此外，還可用於多種纖維的媒染劑、混凝土緩凝劑、聚丙烯塑膠材料的發泡劑等。可以說已經深入我們的日常生活當中。

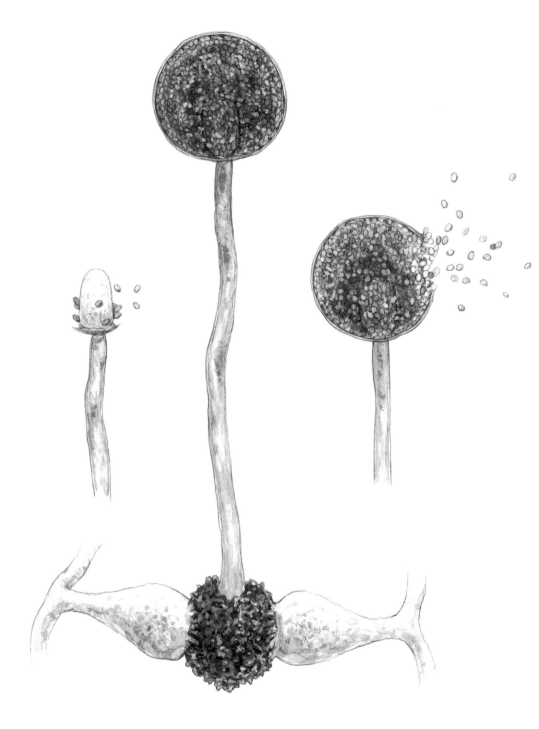

Mucor sufu

臭的藝術

腐乳毛黴與米黑毛黴菌
Mucor sufu & Mucor miehei

用毛黴菌發酵的食品，如西方的乳酪和東方的腐乳，自古以來就是具特殊風味的奇特美食。豆腐乳的起源地並不明確，有一說是在 1500 年的中國，也有一說是在沖繩島周圍的小島上。然而，五百年來默默參與釀造豆腐乳的真菌「腐乳毛黴」，一直到 1929 年才由曾任中央研究院化學研究所所長的魏喦壽在《科學》雜誌上正式發表，確認它的關鍵地位。

豆腐乳的淘金之旅

釀造豆腐乳主要有兩種方法——長黴之前鹽漬，或長黴之後鹽漬。若是後者，首先要替豆腐接種孢子，然後保存在一個溫暖的地方（培養）數天，直到每個豆腐立方體都長滿白色菌絲後，再將這些長黴的豆腐浸入酒鹽漬（包括米酒、水和鹽的混合物），置於室溫熟成；通常需要幾年時間。若發黴的豆腐不經鹽漬，直接拿去油炸，就是臭豆腐了。

相傳，淮南王劉安（西元前 179 至 122 年）召集各方共同撰寫了《淮南子》，裡面就有提到豆腐，算是豆腐的發明人；到了清朝，李化楠的《醒園錄》中已詳細記述了豆腐乳的製作方法。1783 年，日本文獻中首次出現豆腐乳的紀錄，是來自大阪何必醇所著的《豆腐百珍續編》。1818 年，第一個在日本東京帝國大學任教日本文學的英國人張伯倫（Basil Hall Chamberlain），其祖父霍爾船長在琉球期間，接受琉

◆ 原生地（發現地）
世界各地。

◆ 拉丁名稱原義
Mucor，新拉丁字，與 *ēre* 同意，有「發黴」的意思，字尾再加上 –or。
miehei，人名 Miehe。
sufu，「腐乳」的意思。

◆ 應用
食用與釀造。

球國王的宴請，寫下這段紀錄：「有一個很像乳酪的東西，就像我們在吃完蛋糕之後常會有的乳酪，但是，實在看不出也猜不出那是用什麼做的。」據推測，霍爾船長當時看到的食品應該就是豆腐乳。

1858 年，中國人到澳洲參與淘金時，身上必會帶著不會因長途旅行而腐壞的豆腐乳。隨後於 1878 年，豆腐乳被帶進舊金山，於隔年登上了《哈特福德每日新聞報》（*Hartford Daily Courant*），新聞當中有一篇文章稱豆腐乳為：「鹽豆腐」。到了 1882 年，豆腐乳來到法國，得到了一個正式的西方名字「黃豆乳酪」（fromage de soja）。

臺灣早期對於豆腐乳的記載闕如──1660 年代，大批來自中國閩南的移民是否有在那時將製作豆腐乳的技術帶過來，如今找不到任何可考記錄。比較能夠確定的是，臺灣的臭豆腐或是豆腐乳釀造技術，是於 1940 年代由於戰亂，隨著大批移民被帶到臺灣。1929 年，魏喦壽在《科學》雜誌上發表與豆腐乳相關的論文，同時也讓他成為第一位於該雜誌發表論文的華人微生物學家。在魏喦壽的帶領之下，臺灣的豆腐乳研究到了 1960 年代已是首屈一指。

現在，臺灣的臭豆腐與豆腐乳有了自己的風味，就連製造豆腐乳超過五百年的日本，都稱讚臺灣的風味豆腐乳比日本的好。

乳酪之母：凝乳酶

米黑毛黴菌是嗜熱菌，可耐高溫 50°C 以上，適合用來生產耐高溫的酵素。米黑毛黴菌可以產生脂肪酶，於食物脂肪的分解、傳輸和轉化上扮演重要的角色，曾是古人製作優格與乳酪時不可或缺的一員。現在基因工程帶來了重組脂肪酶，不但便宜，且有更多更廣的用途，例如，烘培麵包或當作洗滌劑，甚至作為替代能源的生物催化劑來將植物油轉化為燃料。另外，化妝品或保養品的添加物中，也常利用固定化的米黑毛黴菌脂肪酶進行酯化反應來合成。

除了脂肪酶，米黑毛黴菌還可以生產凝乳酶。凝乳酶是一種蛋白酶，能凝固牛奶中的酪蛋白，有助於年幼哺乳類動物消化母親的乳汁。以往要製作乳酪，人們必須宰殺仔牛或仔羊，以取得其皺胃內膜的凝乳酶。傳統方法是將牛犢的胃切成小塊並清潔乾燥，然後放入鹽水或乳清，連同一些醋或酒以降低溶液的酸鹼值。經過一段時間後（通常是隔夜或數天），將溶液過濾。粗製凝乳酶將殘留在濾出的溶液中，大約一毫升可以正常凝結二至四公升的牛奶。由動物而來的凝乳酶生產有限，自羅馬時代，乳酪製造商一直在尋求其他方式來凝聚牛奶，例如由植物與真菌等微生物來生產凝乳酶。許多植物都具有凝乳特性，如希臘人就用無花果汁抽出物來凝固牛奶，其他像是乾刺山柑葉、蕁麻、薊、錦葵和地面常春藤都有類似的功用。植物性凝乳適合素食者，而市面上販賣的素食凝乳通常是來自米黑毛黴菌。

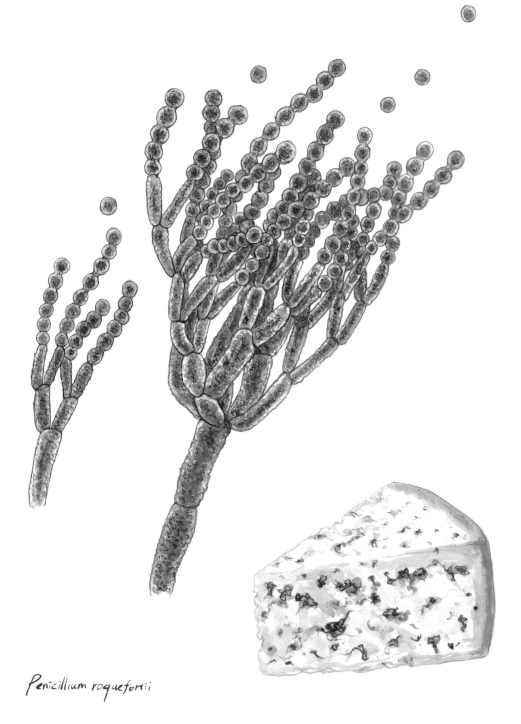

Penicillium roquefortii

乳酪之王

洛克福耳青黴
Penicillium roqueforti

洛克福耳青黴對人類的貢獻之一，就是將牛奶變成令人心曠神怡的人間美味——藍紋乳酪，不過，它並不僅僅存在於乳製品的環境，也發現在天然環境（森林的土壤和腐木）以及在青貯飼料中。洛克福耳青黴可以在很苛刻的條件下生長，低溫、低氧、高二氧化碳濃度以及含有機酸和弱酸防腐劑存在的地方都難不倒它，並且會造成冷藏保存食品、肉類或小麥產品的變質。乳酪製造業有很多的青黴品種，例如斯蒂爾頓青黴、戈貢左拉青黴和芳香青黴，然而這些都是「技術性」的名字，它們全都是「洛克福耳青黴」。

香氣濃鬱的藍色王者

　　雖然洛克福耳青黴有許多用途，例如生產調味劑、抗真菌劑、多醣、蛋白酶和酵素，不過，它最出名的功績是製造讓人魂牽夢縈的洛克福耳藍紋乳酪。其命名來自於出產藍紋乳酪最著名的地區——法國洛克福耳。雖然乳酪相傳起源於西元 50 年，然而藍紋乳酪在文獻中被提及，最早只能追溯到西元 79 年，在羅馬博物學者老普林尼所著的《自然史》中。據說，藍紋乳酪是法蘭克王國加洛林王朝（les Carolingiens，西元 768 至 814 年）國王查理曼（Charles Ier le Grand）最喜歡的乳酪，因此又被稱為「國王與教宗的乳酪」。

　　洛克福耳青黴是在洛克福耳地區，康巴盧山洞裡的土

◆ 原生地（發現地）
法國蘇爾宗河畔洛克福耳地區（Roquefort–sur–Soulzon）康巴盧山（Mount. Combalou）。

◆ 拉丁名稱原義
Penicillium，來自拉丁文 pēnicil（lus）是由 pencil（刷子）與 –ium（suff）字根所組成，意思是「一綹髮」；命名是根據孢子囊的形態如一綹髮。
roqueforti，地名。

◆ 應用
食用，釀造。

壤中被發現。傳統製作方式，是將麵包放在山洞中長達六至八週，直到麵包長滿藍色黴菌，也就是洛克福耳青黴，然後去除表面，只留麵包心，乾燥後磨成粉末，再使用這種麵包粉末製作法國洛克福耳羊乳乾酪。

乳酪製作是一種古老工藝，現在已知的乳酪種類超過一千種。最早製作乳酪的證據可以追溯到西元前 6000 年，亦即新石器時代期間。那時候出土的陶器內還保存一些有機殘留物，鑑定後確認是乳酪。2018 年，埃及的考古學家更在埃及古墓中發現一個距今有 3200 年歷史的完整乳酪，可見當時乳酪甚至被拿來當作陪葬品。

乳酪產品有許多優點，包括讓牛奶品質穩定易於儲存、方便運輸、提高牛奶的消化率以及讓人類飲食多樣化。在眾多乳酪當中，藍紋乳酪的生產過程不同於一般乳酪，而且深受許多不同國家的民眾喜愛。每一類藍紋乳酪都起源於一項特定的製造工藝，各具鮮明特色。有些藍紋乳酪的名稱已獲得「原產地指定保護」（PDO）或是「地理標誌保護」（PGI）認證。例如法國人稱「乳酪之王」的洛克福耳羊乳乾酪，就是最早獲得「原產地指定」認證的乳酪（1925 年），必須熟成至少三個月，而且其中兩週需要將乳酪置於蘇爾宗河畔洛克福耳地區的天然酒窖中。

目前，全世界只有七家乳酪生產工廠經過認證，可以生產正統法國洛克福耳羊乳乾酪。其著名的「藍紋」以及特殊風味就是來自洛克福耳青黴，可說是這種真菌與人類巧遇而出現的美味。

誰吃了第一口藍乳酪

傳說，一個年輕的牧羊人，放羊後在山洞裡休息吃午餐。這時，他看見一個非常漂亮的女孩，就丟下吃剩一半的羊奶凝乳塊與麵包，不顧一切跑去追那女孩。這一去，年輕的牧羊人把留在山洞裡的午餐全給忘了。過了幾個月後（看樣子，年輕的牧羊人沒有追求成功），他趕著羊經過同一個地點，時近中午又進到同一個山洞中準備用餐，結果他發現

了之前留下來的午餐，羊奶凝乳塊與麵包已經長滿了黴菌，此時吃完午餐卻還是很餓的牧羊人，索性就嚐了一口發黴的乳酪，結果發現，乳酪不但沒有壞，還非常好吃。雖然這則傳說的真實性不高，不過無論如何，我們都應該要感謝第一位發現洛克福耳羊乳乾酪的人——面對長滿黴的乳酪，他竟有勇氣一口吃下。

世界三大藍紋乳酪

◆

洛克福耳羊乳乾酪，首度記載於西元 1070 年，產於法國蘇爾宗河畔洛克福耳地區。需要特定的羊乳以及在石灰岩洞裡熟成。乾酪內布滿大理石般紋路的青黴。具有濃鬱的羊乳味道，以及因為青黴而產生的辛辣味。

斯蒂爾頓乾酪（Stilton），首度記載於西元 1785 年，產於英國，質地稍硬，但香味芳醇且口味辛辣。不同於洛克福耳羊乳乾酪，斯蒂爾頓乾酪是以牛乳製成。

哥岡卓拉乳酪（Gorgonzola），首度記載於西元 879 年，產於義大利，熟成時間愈久，質地愈黏稠。以牛乳製成，也有刺激氣味。

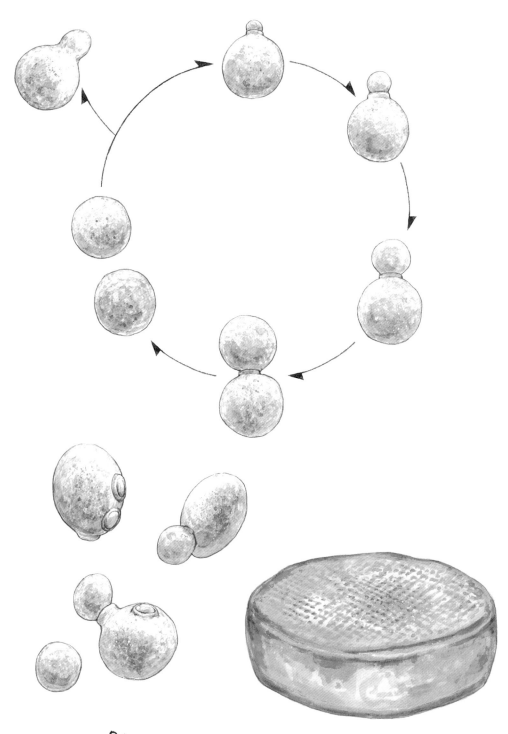

Debaryomyces hansenii

新時代健康衛士

漢遜氏德巴厘酵母菌
Debaryomyces hansenii

漢遜氏德巴厘酵母菌是海洋真菌的一員，與環境息息相關，其二次代謝物會抑制其他酵母菌生長，對食品當中微生物菌相的發展扮演重要角色，於食品風味的形成也有重大影響。漢遜氏德巴厘酵母菌也是生產木糖醇最有效率的真菌，木糖醇是對人體無害的甜味劑，甜度與蔗糖相當，熱量卻低了 33%，還可以抑制肺炎鏈球菌、流感嗜血桿菌以及增加口水分泌，能用作牙齒保健。

乳酪風味指揮家

　　漢遜氏德巴厘酵母菌常見於所有類型的乾酪與乳製品、清酒糟、味噌、凝乳、醬油發酵初期階段以及滷水中。因為它能夠生長在高鹽以及低溫下，並代謝乳酸和檸檬酸。漢遜氏德巴厘酵母菌也經常出現在香腸與絞肉當中，是在生物技術應用上很有潛力的微生物。雖然這種酵母已經是滲透壓方面的極端微生物，它並沒有就此止步，除了普通的糖，漢遜氏德巴厘酵母菌還能夠代謝正烷烴、蜜二糖、棉子糖、可溶性澱粉、肌醇、木糖、乳酸以及檸檬酸。此外，它還可以形成阿拉伯糖醇以及核黃素（維他命 B2），因此也被用於工業規模生產維他命 B2。

　　由於漢遜氏德巴厘酵母菌能代謝乳酸、檸檬酸和半乳糖，其乳酸同化作用，能大大影響乾酪細菌菌相，進而多樣化它們的風味，像是林堡（Limburger）、迪爾絲特

◆ 原生地（發現地）
自然界常見於海洋環境，也常見於乳酪當中。

◆ 拉丁名稱原義
Debaryomyces，Debari 是人名，懷疑來自迪巴里（Heinrich Anton de Bary, 1831~1888），他是一位的德國外科醫生、植物學家、微生物學家也是真菌學家，專長是真菌系統分類與生理。
myces，是新拉丁字，起源於希臘 mykēs，意思是「真菌」。
hansenii，人名。

◆ 應用
釀造、工業與科學研究。

（Tilsiter）、薩呂港（Port Salut）、特拉普（Trappist）、磚塊（Brick）以及丹麥丹波（Danish Danbo）乾酪。另外，漢遜氏德巴厘酵母菌會產生與乾酪風味有關的揮發性物質，如切達乾酪（Cheddar cheese）與卡門貝爾乾酪（Camembert cheese）中的 S−甲硫基（在乳酪中最常見的揮發性硫化合物）。

　　漢遜氏德巴厘酵母菌於 1952 年定名，其無性世代的名稱為「無名假絲酵母菌」（*Candida famata*），是一種耐冷、耐旱、具滲透耐性以及耐高鹽度（可耐受到 24% 的鹽分）的海洋酵母菌，可以生長在 18% 的甘油以及 pH3~10 的範圍之中，大概是目前已知地球上耐受度最高的微生物。雖然漢遜氏德巴厘酵母菌一般被認定是非致病菌，不過，它和白色念珠菌其實是在演化上很相近的物種。漢遜氏德巴厘酵母菌是單元雌雄同株的酵母菌，具有基本的基因單倍體生命週期，且都只有一個交配型基因座。交配行為（如植物的自花授粉）很少見，而且也只產生含單孢子的子囊。

海洋真菌

海洋真菌是一種生活在海洋或河口環境的真菌物種。它們被以棲息地來分類，而不是以親源關係。目前已經有四百四十四種海洋真菌被記錄，還有很大一部分尚未被發現。海洋真菌很難在實驗室培養，通常都是經由 DNA 序列或是通過檢測海水樣品得知其性質來推斷它們的分類地位；不同的海洋生物棲息地，會有完全不同的真菌群落。1979 年，科爾邁爾（Kohlmeyer）註銷了海洋真菌，只因為他們認為這群真菌只有不到五百種，沒有必要作進一步研究。然而其實，海洋真菌中的隱真菌（*Cryptomycota*）是真菌家族裡的新分支，一直潛伏在泥土、池塘淤泥和深海淤泥，分布在地球上的每一個環境裡的土壤中，卻被我們無視。DNA 數據已開始揭示這一類的真菌是如何能夠生存和茁壯成長在海洋環境當中。漢遜氏德巴厘酵母菌與其陸地上的親戚，有相似大小的基因體，但是卻有較多樣的基因數量，也因此大大擴展其多樣化的基因武器庫，能應付鹽漬環境的生理挑戰。

芬蘭牙醫的祕密武器

　　一百多年前，德國和法國的研究人員幾乎同時意外的從樺樹皮中提取到了木糖，並用一種叫鈉汞齊（Sodium Amalgam）的催化劑對其進行轉化，但因為當時的技術問題，產出物中的雜質較多，直到 1930 年代才克服。第二次世界大戰期間，由於糖的短缺，迫使工程師和化學家尋找其他甜味劑，木糖醇正是當時主要的研究對象，淨化的技術也更上一層樓。

　　第二次世界大戰之後，木糖醇其他的生物特性被開始注意到，一是它不需要依賴胰島素來進行代謝，因此適合給糖尿病患者食用；另一個就是它可以預防齲齒——口腔內的細菌無法代謝木糖醇，也就不會產生能破壞牙齒的酸性物質。因為這兩個特性，木糖醇開始受到重視，各國開始投入工業化生產。1975 年，芬蘭是第一個以規模化工業提取生產木糖醇的國家，而且還生產了世界第一款「木糖醇口香糖」，鼓勵幼兒園及小學學生在用餐之後，吃一顆木糖醇糖果，讓還無法自己周全潔牙的孩童，也能保有健康的牙齒。這項政策有效地讓蛀牙人數大大降低，於醫療支出上省下一大筆經費。

　　隨著國內外專家對木糖醇不斷地研究，發現其功能遠不止於控血糖、防齲齒，更有保護肝臟、維護腸道健康、幫助鈣質吸收以及預防上呼吸道與肺部的感染等。現在，木糖醇多利用發酵產出，許多真菌都可用於生產木糖醇，包括熱帶念珠菌（*Candida tropicalis*）、吉利蒙念珠菌（*Candida guilliermondii*）與漢遜氏德巴厘酵母菌；而漢遜氏德巴厘酵母菌是自然生產木糖醇最有效率的真菌之一。

第二部

各路英雄

Penicillium chrysogenum　金黃青黴

Tolypocladium inflatum　多孔木黴

Trichoderma reesei　瑞氏木黴菌

Beauveria bassiana　巴斯白殭菌

Trichoderma virens　綠木黴菌

Penicillium chrysogenum

二戰英雄

金黃青黴
Penicillium chrysogenum

金黃青黴可說是近代最重要，且大大改變人類醫藥歷史的真菌。如今應該沒有人不認識「盤尼西林」（Penicillin），或是「青黴素」這種抗生素。盤尼西林能有效的抑制革蘭氏染色陽性菌（Gram Positive），如葡萄球菌以及肺炎鏈球菌。弗萊明（Alexander Fleming）在 1929 年就發現了青黴素，然而直到 1940 年，青黴素才終於被純化並運用於醫藥。在青黴素可大量生產之前，每年仍有許多人死於傷口感染。

發現青黴素

細菌學教授弗萊明在倫敦大學聖瑪麗醫院研究金黃色葡萄球菌，有一次，他把這種危險的細菌塗抹在培養皿上，就度假去了。回來後，一些培養皿被某種黴菌汙染了，正當弗萊明為此懊惱時，忽然注意到培養皿裡有種毛茸茸、綠色的黴菌菌落。用顯微鏡觀察後，他發現菌落周圍的細菌都已死亡，似乎是被那種黴菌菌落分泌的某些物質所殺死。弗萊明的真菌被命名為汙點青黴（也就是金黃青黴），不過後來證實，當初他發現的菌株應該是紅青黴才對。青黴素的發現，開啟了微生物抗生素的新時代。讓青黴菌在含有糖類、氮與其他營養物質的液態培養液當中生長，它會將糖類等養分用罄後，開始分泌出可抑制細菌細胞壁合成的青黴素。

◆ 原生地（發現地）
世界各地。

◆ 拉丁名稱原義
Penicillium，來自拉丁字 pēnicil（lus）是由 pencil（刷子）與 –ium（suff）字根所組成，意思是「一綹髮」；命名是根據孢子囊的形態如一綹髮。
chrysogenum，由 chrys (o) 意思是「黃金」與 –genum 意思是「產生」兩字所組成。整個字就是「製造黃金」的意思，指的就是其會產生黃色（或金色）的色素。

◆ 應用
醫療藥用。

1928 年，弗萊明將首度發現的抗菌物質命名為青黴素，並在 1929 年發表學術論文，但是當時並沒有受到重視。後來，逃離納粹魔掌的澳洲藥學家弗洛里（Howard Walter Florey）與柴恩（Ernst Boris Chain）進一步研究青黴素的藥理作用。一開始都是少量生產，直至 1940 開始，青黴素的生產進入工業化規模，並且在二次大戰時期用於治療受傷的士兵，這才聲名大噪。到了 1945 年，弗萊明、弗洛里與柴恩因為對青黴菌研究的貢獻而共同獲得諾貝爾醫學獎。

諾貝爾醫學獎
◆

弗萊明爵士、柴恩和弗洛里爵士被授予 1945 年諾貝爾醫學獎，表揚他們在「青黴素的發現和各種感染性疾病的療效」上的發現與貢獻。

弗萊明在領獎時的演説中説：「機會、財力與命運對偉大的科學發現扮演一個不可或缺的角色。不知道有多少科學家與重要的發現擦肩而過，只因他們沒有繼續去探其究竟。我們都知道，一個偶然的觀察現象有可能被導入正軌，最終引出真正的知識或實質進步。這在生物科學尤其是如此，因為我們正在處理的是活生生的機制，而在這其中，仍有很大量的知識缺口，等待我們去發現。」

哈密瓜立功

　　儘管青黴素可以成功抑制一些致命細菌的生長，讓受傷病患免受細菌感染之苦，但是由於生產效率與產量實在太低，不足以應付二次大戰時期的大量需求，尋找新菌株變成了當時的全民運動，希望可以找出更有效率地生產青黴素的方法。幾乎家家戶戶只要在家裡看到發黴的東西，就會將它們送到實驗室去鑑定，空軍也從世界各地帶來不同的土壤樣本，希望能夠篩選出有用的菌株。就在這時，金黃青黴在伊利諾州皮奧里亞（Peoria）雜貨店裡的哈密瓜上面被發現了，這一株金黃青黴竟可以產生比弗萊明當初發現的那一株菌還要多上百倍量的青黴素。之後，科學家利用繼代培養，然後照射 X 光與紫外線來造成該菌株的突變，再試圖由突變株裡找到青黴素產量更高的菌株。實驗結果非常成功，科學家們挑選到一株金黃青黴可以產生高於弗萊明的菌株上千倍的超級金黃青黴，大大提高了青黴素的生產效率與產量，再加上發酵槽的曝氣改良，以及英國也加入生產，總算足夠應付戰場上的需要，不僅供應給美軍，也提供給盟軍英軍使用。

　　一次大戰時，受傷士兵的痊癒率只有 25%，到了二次大戰，因為青黴素，受傷士兵的痊癒率提高到 95%。當時，是真菌研究的輝煌時代，尋找更有效的菌株與開發大量生產方法的研究計畫，占美國科學研究經費的第二名，僅次於太空科學的花費。

　　如果沒有發現金黃青黴，或許二次大戰的結果將會有不同，若是軸心國勝利，這個世界將會完全改觀。只能說，幸好有金黃青黴。

Tolypocladium inflatum

器官移殖技術大躍進

多孔木黴
Tolypocladium inflatum

由多孔木黴所產生的環孢黴素 A（註冊商標：sandimmune®，諾華製藥集團），在 1970 年代為免疫藥理學展開新頁，若不是它，器官移植醫學可能無法有今日的發展。環孢黴素的發現開啟了選擇性抑制淋巴細胞的時代，它使移植的臨床、技術和免疫生物學方面的專業知識付諸實踐，改變移植醫學的面貌。雖然環孢黴素並無法解決所有器官移植的問題，如慢性排斥反應，但它至少能讓患者在術後存活下來，大大提升了器官移植的成功率。

命運多舛

多孔木黴的命名，一波多折。由於顯微的形態上相似，所以最早以為該菌是屬於會產生環孢黴素（cyclosporine）的木黴菌屬真菌，因此被命名為「多孔木黴」。最後才由甘姆斯（Gams）確認為一個新菌屬，也將其更名為「膨大彎頸黴」（*Tolypocladium inflatum*），這個名稱來自於其外部型態。1983 年，比塞特（John Bissett）發現，當初以為的膨大彎頸黴，其實就是後來發現的鉤狀木黴菌（*Pachybasium niveum*），但是依據國際植物命名法規的規定，較早出現的名稱擁有優先權，後來者不得取代，所以只好將膨大彎頸黴與鉤狀木黴菌兩個名字合併改為雪白彎頸黴（*Tolypocladium niveum*）。雖然最後被命名為雪白彎頸黴，但是，因為這株真菌在醫藥工業上實在太重要，再

◆ 原生地（發現地）
最早在挪威的土壤中被發現。

◆ 拉丁名稱原義
Tolype 是一種枯葉蛾科的蛾類，是主要的宿主。
clad– 由希臘文 klados 演變而來，是「分支」的意思。
inflatum，「膨脹」的意思。

◆ 應用
醫療藥用。

加上其所產生的龐大經濟價值，所以，最後還是將會產生環孢黴素 A 的這株真菌，統一稱作「膨大彎頸黴」。1996年，霍琪（Kathie Hodge）和她的同事研究確認膨大彎頸黴的有性世代其實就是「短柄鹿蟲草」（*Elaphocordyceps subsessilis*）。所以，多孔木黴、膨大彎頸黴、鉤狀木黴菌、雪白彎頸黴以及短柄鹿蟲草其實指的都是同一株真菌。一株很有醫藥價值的真菌。

1957 年，瑞士藥廠山德士（Sandoz）啟動了尋找新抗生素的研究計畫，公司發給準備去度假或是開會的員工一些塑膠袋，讓他們在出國的時候可以帶回土壤樣本，好篩選出適合的微生物來生產抗生素。1970 年 3 月，微生物研究部門從兩個分別來自美國威斯康辛州和挪威哈當厄爾高原（Hardangervidda）的樣本中，篩選出多孔木黴，分離出其代謝物後，發現兩種具抗真菌活性的二次代謝物，命名為環孢黴素 A 和 C。然而研究結果顯示，環孢黴素 A 和 C 的可應用範圍很窄，而且沒有抗菌活性，抗真菌活性也只能針對少數幾種酵母菌，甚至連酵母菌都殺不死，頂多讓它們生長變慢。這令人沮喪的結果，使研究人員對多孔木黴興趣缺缺，研究計畫也因此停止了。

功虧一簣的卵圓菌素

◆

山德士公司早在 1962 年，就發現一種來自真菌，且對骨髓沒有毒性的非類固醇類免疫抑制劑，後來經純化確認，那種抑制劑是來自卵圓假散囊菌（*Pseudeurotium ovalis*），於是將其命名為「卵圓菌素」（Ovalacin）。卵圓菌素有很強的免疫抑制效果，但不影響小腸上皮細胞或原始粒細胞增殖。只可惜，卵圓菌素並沒有通過臨床測試，因為它對人體的毒性太大了。不過，因為卵圓菌素的研究而打造的研究設備，後來成為發現環孢黴素功能的一大助力。

復活密碼 24－556

　　1970 年代，山德士公司藥理學研究部門的主任薩梅利（K. Saameli）提出「一般搜尋計畫」，將五十種化合物分配給藥理學研究部門裡的各個單位，進行藥物性質測試，每年約有一千種樣本會被提交。隔年，化學研究部門的魯格（A. Rüegger）將環孢黴素提交到計畫中，樣本編號為 24–556。計畫結束後，24–556 是唯一測試呈陽性反應的樣本，且具有免疫抑制活性、沒有非特異性抑制細胞生長的作用等特性。1978 年，樣本 24–556，也就是環孢黴素開始進行人體試驗。經過進一步的試驗發現，只要將環孢黴素與類固醇組合，就能降低排斥反應與其讓人擔心的腎毒性。十三年後，環孢黴素終於經美國食品和藥物管理局核准，使用於預防器官移植病人的排斥反應上。

　　環孢黴素的公認發現者和開拓者是波萊爾（Jean Francois Borel）。波萊爾在 1970 年開始在山德士工作，取代拉札雷（S. Lazaray）作為免疫學部門主任，他的部門發現了環孢黴素的免疫抑制活性，也對之後的發展與推廣多有用心。然而負責藥理系的斯塔埃林（Hartmann Stähelin）卻堅稱，動物實驗是在他的實驗室內完成的，波萊爾並沒參與整個發現過程，甚至一度因為實驗不盡理想後，就有意放棄整個計畫。

　　當一個劃時代的重大結果出現，想分一杯羹乃人之常情，當權者甚至會想把全部功勞歸給自己。不過，那些努力付出的人不應該被淡忘。如果薩梅利沒有提出「一般搜尋計畫」；如果拉札雷沒有先一步將免疫測試方法開發好；如果魯格沒有將當初認為一無是處的環孢黴素再提交到「一般搜尋計畫」中，這個大發現就永遠不會發生，波萊爾跟斯塔埃林也就沒什麼好爭的了。

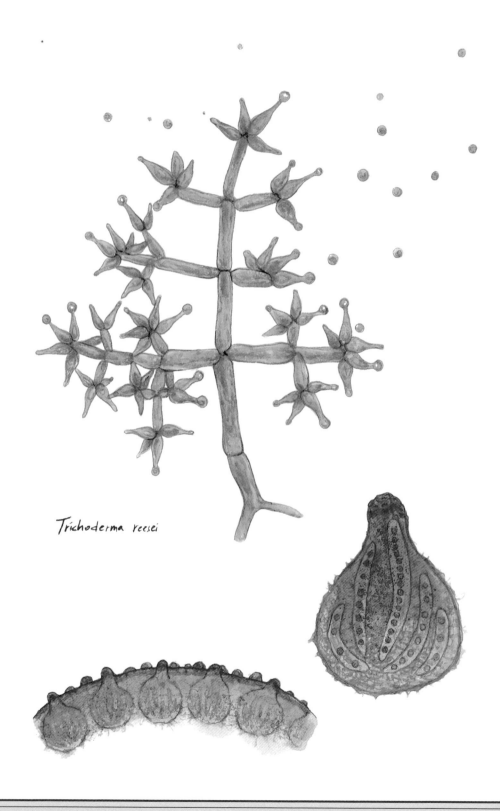

Trichoderma reesei

石磨水洗牛仔褲

瑞氏木黴菌

Trichoderma reesei

瑞氏木黴菌是當今工業化生產纖維素酶（Cellulase）和半纖維素酶（Hemicellulase）的主要來源，它能將秸稈（禾本科農作物如稻、麥脫粒後剩下來的莖葉）轉化為葡萄糖，生產出生物燃料。許多人喜愛的石磨牛仔褲仿舊效果，如今大多也是透過由瑞氏木黴菌所生產的纖維分解酵素來達成，該分解酵素同時也有軟化衣物的作用。

不是生化武器

　　木黴菌屬真菌的第一個描述可以追溯到 1794 年，並在 1865 年，才發現這是肉座菌（*Hypocreales*）的有性世代。該屬的真菌之一，瑞氏木黴菌，也就是 QM6a，後來被確認為一個獨立種，其種名為紀念其多年來主要研究者里斯彭而命名。QM6a 就是現在所有商業用途的瑞氏木黴菌的共同源頭。木黴菌可以被用作生物農藥和植物生長促進劑，瑞氏木黴菌常被用在消化木材，幾乎可以在所有土壤中發現，而且會分泌大量纖維素酶。

　　瑞氏木黴菌是在第二次世界大戰期間被美國軍隊所發現，因為士兵制服和帆布帳篷都被其分泌的纖維素酶分解得千瘡百孔，讓當時的美軍以為受到某種生化武器攻擊，稱之為「叢林腐朽」（jungle rot）。

◆ 原生地（發現地）
南太平洋所羅門群島。

◆ 拉丁名稱原義
Tricho 為希臘字 trikho–，由 thrix 與 trikh– 而來，意思是「毛髮」。希臘字 der– 是印歐語系的字首，意思是「皮膚」。
reesei，人名，為紀念埃爾溫·里斯彭（Elwyn T. Reese）。

◆ 應用
工業與科學研究。

後來，一間加拿大公司成功駕馭了這種微生物，利用它將秸稈轉化為葡萄糖。該公司將木黴菌轉基因改造，好讓它能夠生產更大量的纖維素酶，最後達到驚人的 75% 轉化率。剩下的木質素，可以乾燥並壓製成可燃塊。接著，生產出來的葡萄糖再用酵母菌發酵生產生物燃料——乙醇。這種以微生物為生產基礎的燃料，很可能是以無害環境的方式提供汽車動力的關鍵，期待它有一天可以取代石化燃料。

牛仔褲起源

牛仔褲於 1850 年出現在美國西部，最初是為淘金工人所發明的服裝。1840 年末美國加州淘金熱時，一個名叫斯特勞斯（Levi Strauss）的布商來到舊金山，發現淘金工人所穿的衣服皆為一般棉製品，較易磨破。斯特勞斯於是把原來製作帳幕用的咖啡色帆布，改製成一批褲子，裁出低腰、直褲腿以及窄臀圍的褲型，大受淘金工人的歡迎。這種帆布褲精悍俐落，搏得牛仔們的喜愛，很快就流行了起來，從此便成為牛仔們的標準裝束。斯特勞斯於西元 1871 年申請專利，成立了聞名於世的 Levi's 公司。之後戴維斯（Jacob Davis）與李維斯特勞斯公司（Levi Strauss & Co）在 1871 年合作開發了「藍色牛仔褲」（blue jeans）並在 1873 年 5 月 20 日由戴維斯與斯特勞斯獲得專利。

愈舊愈美麗

為了得到牛仔褲特殊的褪色舊化效果，也就是所謂的「石磨水洗牛仔褲」，以往通常是把牛仔褲放進旋轉鼓裡面，以浮石洗滌，或者以化學處理來完成。業者為了取得浮石，除了從義大利、希臘和土耳其等地進口，也於加州、亞利桑那州和新墨西哥州密集大量開採，引起了美國生態學家警

不孕菌種

◆

瑞氏木黴菌最初被以為是不孕菌種，直到 2009 年的研究才知道，瑞氏木黴菌 QM6a 是雌不孕菌種，如果與其他交配型相遇時是扮演雄孢子的角色，還是會產生子實體與後代。這個發現大大的激勵了工業界，因為有性生殖就等同於改良菌種的可能性。

告，而紛紛改採用化學藥劑來處理。然而，處理化學汙染的殘餘物仍是令人頭痛的問題。最後，終於找出「纖維素酶」這個解答。

石磨水洗牛仔褲在 1970 年代成為時尚潮流，到了 2000 年，石磨水洗牛仔褲演變出更破的款式，有故意造成的破洞，邊緣磨損，和大片的褪色效果。纖維素酶的利用，由克勞德‧布蘭奇與德洲的「美國成衣後處理公司」（American Garment Finishers）所推廣。纖維素酶主要是由真菌、細菌和原生動物產生，可以催化纖維素的水解。當時，纖維素酶已經被運用於紙漿，食品加工工業和生物發酵以產生生質燃料。「美國成衣後處理公司」使用的纖維素分解劑，是由丹麥的諾德（Novo Nordisk）於 1991 年所申請專利的。

某種程度上來說，瑞氏木黴菌讓浮石的開採消失，讓山林得以休憩；讓化學藥劑的使用減少，河川得以喘息。而這一切，人類才是最大的受益者。

牛仔褲演化史
◆

1873 年	世界上第一條牛仔褲 Levi's 501 款
1925 年	世界上第一條「拉鏈牛仔褲」由英國的 Lee 公司推出
1930 年代	牛仔褲開始流行
1940 年代	牛仔褲參加了二次大戰
1950 年代	Lee Cooper 公司將女裝牛仔褲拉鏈從側身改至中間
1960 年代	牛仔褲參加了反戰運動
1960 年代末	闊角褲與喇叭褲出現，披頭四穿上身
1970 年代	牛仔褲變成時尚代表，石磨水洗牛仔褲出現
1970 年代末	牛仔褲傳到臺灣
1980 年代	AB 褲重現，破損頹廢風出現
1980 年代末	牛仔褲藝術風出現
1990 年代	復古風潮再現
2000 年代	低腰剪裁開始流行
2010 年代	破洞七分直筒牛仔褲出現

Beauveria bassiana

生物農藥的先驅

巴斯白殭菌
Beauveria bassiana

巴斯白殭菌是由義大利昆蟲學家巴斯（Agostino
Bassi）所發現，也是第一個被報導的微生物導致動
物疾病的研究。巴斯被稱為「昆蟲病理學之父」，他
不僅奠定了微生物可用於防蟲的基礎，而且對之後的
巴斯德、柯霍（Robert Koch）和其他微生物學先驅
的影響深遠。巴斯白殭菌生長在世界各地的土壤中，
在某個生長週期，會感染節肢動物（以昆蟲為主），
造成昆蟲白殭病，於是被廣泛應用在農業上來控制白
蟻、粉蝨或是瘧蚊的數量。由微生物所製成的生物農
藥，相較於化學農藥對環境衝擊較小、對人體傷害極
微，且能有效防蟲。

天生的昆蟲殺手

　　巴斯白殭菌對於感染的宿主沒有生活史上的偏好，這
代表著，無論是幼蟲或成蟲都會被它感染。巴斯白殭菌是接
觸感染，不像其他真菌病害，需要被吃下後才能致病。它產
生的分生孢子（無性孢子）能夠直接穿過昆蟲外皮，進到昆
蟲體內後就開始快速生長。孢子會分泌能溶解角質層的酶，
也會產生「白殭菌素」，那是一種會削弱宿主免疫系統的毒
素。入侵後，巴斯白殭菌會大量生長，食用宿主的器官，消
化宿主的體液，三至七天就能導致宿主死亡。

◆ 原生地（發現地）
世界各地。

◆ 拉丁名稱原義
Beauveria，來自新拉丁
字，為紀念法國的植物與
真菌學家布福立（Jean
Beauverie），並以新拉
丁字根 –ia 結尾。
bassiana，紀念發現者巴
斯（Agostino Bassi）。

◆ 應用
農業與疾病。

宿主死亡之後，吃乾抹盡的巴斯白殭菌就會長出宿主體外，使整個蟲體呈現「發白毛」的現象，覆蓋著白色至淡黃色絮狀黴層，此時分生孢子就會被釋放到環境中，尋找下一個苦主，完成無性世代的生命週期。

巴斯白殭菌的寄生宿主種類非常廣泛，已記錄到可被寄生的宿主有五目二十四科約一百九十餘種的昆蟲幼蟲，例如白蟻、紅火蟻、粉蝨、蚜蟲和各種甲蟲。白殭菌也因此被研究以及應用在瘧疾的控制，藉著感染瘧蚊來達成防治的效果。作法是將白殭菌孢子撒在蚊帳上，當瘧蚊接觸到蚊帳上的孢子，就會被感染。

白殭菌屬的真菌所產生的二次代謝物（殭菌黃色素、白殭蝗毒素、白殭素、球孢交質、膽固醇醯基酶抑制劑、軟白殭菌素以及卵孢菌素等），可以當殺蟲使用。這些二次代謝物需要以特定菌種，經由特定的液體培養發酵來產生。以人工接種的昆蟲流行病，與病原真菌在自然界引起的流行病類似，也不太會進到食物鏈或累積在環境當中。相對地，在農業生產過程中使用化學農藥和抗生素，已被許多研究證明會對環境及食物鏈造成不良影響。這些研究結果皆說明了對人類而言，以白殭菌作為生物農藥，比其他任何殺蟲手段來得安全。

此外，白殭菌除了能對抗害蟲之外，也對於植物的真菌性病害有抑制作用。研究顯示，白殭菌對於許多由葉面開始入侵植株的真菌有顯著的抑制作用，例如，造成香蕉黃葉病的尖孢鐮孢菌（*Fusarium oxysporum*）以及造成葡萄灰黴病的灰黴菌等。

藥用價值

　　若巴斯白殭菌寄生於家蠶，僵死的蠶乾燥後即是著名的中藥「白殭蠶」。《神農本草經》當中記載，其味辛、鹹，性平。功能是祛風定驚、化痰散結。主治清風喉痺、小兒驚癇等病症。又因其色白，可治黑斑，具有使皮膚美白的功效。

分類學

◆

近代分類學誕生於十八世紀，由瑞典植物學者林奈奠基。林奈為分類學解決了兩個關鍵問題：第一是建立了雙名制，每一物種都給予一個學名，由兩個拉丁化名詞所組成，第一個代表屬名，第二個代表種名。第二是確立了階元系統，把自然界分為植物、動物和礦物三界，在動植物界下，又設有綱、目、屬、種四個級別，從而確立了分類系統。現在最為熟知的分類是使用五界系統。分別是異營的動物界；行光合作用的植物界；沒有核膜結構的原核生物界；由單細胞或某些多細胞的真核生物歸入原生生物界；腐生異營的真菌界。以階元系統來分類，現在包括七個主要級別：界、門、綱、目、科、屬、種。

以巴斯白殭菌為例：

界 Kingdom ｜真菌界（Fungi）
門 Division ｜子囊菌門（Ascomycota）
綱 Class ｜糞殼菌綱（Sordariomycetes）
目 Order ｜肉座菌目（Hypocreales）
科 Family ｜麥角菌科（Clavicipitaceae）
屬 Genus ｜白殭菌屬（Beauveria）
種 Species ｜巴斯白殭菌（*Beauveria bassiana*）

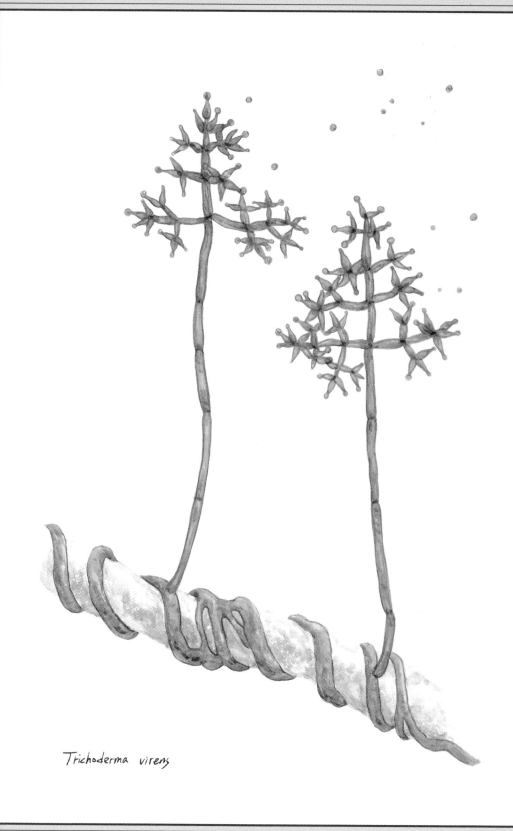

Trichoderma virens

農夫小幫手

綠木黴菌與其他木黴菌
Trichoderma virens

木黴菌是環境中常見的黴菌，在土壤、腐爛的木頭、飄散在空中的孢子、湖裡或海裡的底泥或浮木、植株的根、莖以及葉甚至是其他多孔菌多年生真菌的子實體上，都有它的蹤跡。由於它生長迅速，又會分泌多種能分解纖維素與木質素等的酵素，運用範圍非常廣泛。木黴菌的菌落長相相似，要從外觀將其分類並不容易，現在分子生物技術普遍，多用 DNA 作鑑定。

綠色戰神

綠色木黴菌可用來當作植物病害防治劑，應用於農業。一般的施作方式是在土壤中加入木黴菌，生長快速的木黴菌很快就能成為優勢菌種，與病害真菌競爭資源與空間，產生「拮抗作用」。

拮抗機制是透過產生抗生素對抗其他真菌——競爭同一個環境中的有限營養成分、微寄生於其他真菌，將其他真菌菌絲「勒斃」、分泌細胞壁分解酵素來破壞其他真菌的細胞壁完整等作用，達到殺菌的效果，同時刺激誘導農作植物產生抗性對抗病害真菌。

◆ 原生地（發現地）
世界各地。

◆ 拉丁名稱原義
Tricho 為希臘字 trikho–，
由 thrix 與 trikh– 而來，
意思是「毛髮」。希臘字
der– 是印歐語系的字首，
意思是「皮膚」。
vir– 來自拉丁字 virere，
意思是「綠色」。

◆ 應用
農業與科學研究。

種植可可豆時，會利用「內共生菌」來防治真菌疾病。內共生菌可能棲息在不同植物組織內，包括根、樹幹、莖、葉、花、果實，可應用在許多熱帶樹木的疾病控制上，例如可可樹的黑莢腐、可可鏈疫孢莢腐（Moniliophthora roreri）病菌，連巫帚病（witches' broom disease）也有望利用與植物相關聯的多樣微生物群落來達成防治。

木黴菌具體的內共生能力已經被證實在可可豆組織（莖和葉）內展現，可以讓可可樹開花期長達數月，甚至有一些木黴菌有增加可可莢產量的效果。木黴菌也被用於控制許多作物的根部病害，例如花生莖枯病、梅子銀葉症，還有水稻紋枯病。一些證據顯示，某些木黴菌還有顯著的潛力能防治植物冠層的病害。

生物防治大功臣

除了木黴菌，許多真菌也都在農業中的生物防治上貢獻己力。肌醇同化畢赤酵母（*Pichia inositovora*）和洋槐畢赤酵母（*Pichia acaciae*）可以產生阻止其他酵母菌生長的「殺手毒素」（killer toxin），且被實際應用在發酵品製造工業，例如在清酒或是米酒發酵過程當中，去除不必要的酵母汙染。擬球藻屬（Sphaerellopsis）能控制某些植物的鏽病，大伏革菌（*Phlebia gigantea*）可用於防治由多年異擔子菌（*Heterobasidion annosum*）所造成的針葉樹根腐病。高里畢赤酵母（*Pichia guillermondii*）可有效抑制金黃青黴，噴灑在採收後的柑橘類水果上，能避免水果腐爛。

在雜草防治領域中，真菌除草劑相較於化學產品，更有宿主專一性、更便宜且對人體無害。1986 年，加州 Mycogen 公司推出幾款真菌除草劑，包括利用決明鏈格孢（*Alternaria cassiae*）控制決明子，以鐮孢菌（*Fusarium sp.*）來控制空心蓮子草（*Alternanthera philoxeroides*），能解決大豆田的主要雜草問題。棕櫚疫黴（*Phytophthora palmivora*）已被用來控制乳草屬植物（*milkweed*）或讓柑橘農頭疼的絞殺藤（stranglervine）。

　　膠孢炭疽菌（*Colletotrichum gloeosporioides*）可以控制汙染稻米的合萌（Joint vetch），葫蘆尾孢（*Cercospora piaropi*）曾幫助消滅在美國佛羅裡達州水道裡過度繁殖的鳳眼蓮（Water hyacinth）。真菌在生物防治上的功勞不勝枚舉，還有利用真菌控制輪葉黑藻（Hydrilla）；莧生蒙加拉隱孢殼黴（*Phomopsis amaranthicola*）控制豬草；甘蔗平臍蠕孢（*Bipolaris saccharii*）控制白茅草等例子。

第三部

生態駭客

Batrachochytrium dendrobatidis

寂靜的春天

蛙壺菌

Batrachochytrium dendrobatidis

1970 年代開始，科學家發現兩棲類如青蛙、蟾蜍、蠑螈等的數量逐年減少。直到 1997 年，科學家針對澳洲與巴拿馬同時發生的兩棲類大規模死亡展開深入調查後發現，兇手原來是蛙壺菌。這種真菌導致了人類歷史上最大規模的生物多樣性災難，在中美洲某些地區甚至造成 40% 以上的兩棲類滅絕。兩棲類多以蟲為主食，兩棲類滅絕，無疑是對未來農業的一大衝擊。

生態浩劫

　　蛙壺菌會形成泳動孢子在水中游動，它於常溫下的生活史約四至五天。蛙壺菌一般為腐生或是動物體內寄生，也可以寄生在兩棲類動物的皮膚，病徵嚴重時會影響皮膚功能。蛙壺菌的生長溫度範圍為 4~25°C，過高與過低的溫度皆不適它生長，因此，不同地理區與季節的感染率不同，受感染的兩棲類動物主要分布在熱帶與亞熱帶。1980 年代末期，美國與澳洲的野外蛙類調查結果發現，兩棲類因不明原因數量遽減，有些甚至已經失去蹤影，例如哥斯大黎加雲霧森林的金蟾（*Bufo periglenes*）。在巴拿馬地區，青蛙種類在十年內（1998 至 2008 年）從六十三種銳減成三十八種。更壞的消息是，自 1980 年代以來，有超過一百二十種兩棲類已經消失無蹤，另外四百多種被列為嚴重瀕臨絕種生物。

◆ 原生地（發現地）
美洲、歐洲、非洲南部與澳洲。亞洲部分主要在東南亞。

◆ 拉丁名稱原義
Batrachochytrium 來自希臘字 batrachos，意思是「青蛙」；–chytrium 來自希臘字 chytrion 意思是「杯子」、「小土罐」。*dendro* 一字來自希臘字 dendron，意思是「樹」。*batidos*，西班牙語，意思是「現打果汁或戰鬥」。

◆ 應用
疾病。

到底是什麼讓蛙壺菌在近幾十年大量繁殖，在全球傳播橫行，像失控的火車一樣衝撞兩棲類動物呢？幕後推手其實是人類。全球暖化讓原本比較寒冷的地區，春天提早到來或夏天變長，原本沉睡的蛙壺菌因此甦醒了過來，水中生活的兩棲類動物就成了它們的頭號獵物。

全球暖化

◆

人類活動所造成的溫室氣體大量排放，間接造成全球性的氣溫上升。暖化會導致極端氣候頻繁出現、物種急速消失、疾病擴張，以及海平面上升。真菌疾病方面，由於氣溫上升與降雨量異常，本來在較低溫地區不會出現的疾病，可能會因此出現，不會移動的植物受害最深。例如韓國與日本的稻熱病（rice blast）就已經北移。

非洲爪蟾（*Xenopus laevis*）

蛙壺菌傳播的原因，也可能與非洲爪蟾的全球交易有關。非洲爪蟾與蛙壺菌有重疊的原生棲息地，被感染後不會出現病徵，是蛙壺菌的帶原者。非洲爪蟾飼養容易，是受歡迎的水族寵物，再加上牠也是發育生物學研究上的重要材料，在分子生物學研究上有著舉足輕重的地位。種種原因之下，非洲爪蟾帶著蛙壺菌一起走出了原生地，開啟了一趟危機重重的環球旅行。

蛙壺菌其他的傳播媒介，還包括美國牛蛙（*Rana catesbeiana*）、鳥類以及土壤的運輸。美國牛蛙是一種供食用的養殖蛙類，從養殖場逃脫後，也成了蛙壺菌的可能帶原者。另外，研究也發現蛙壺菌可以生存和生長在潮濕的土壤和鳥類的羽毛上，這也暗示了蛙壺菌也可能藉由鳥類和土壤運輸散播。

美洲、歐洲和澳洲的兩棲動物，已因蛙壺菌而出現大規模滅絕，例如澳洲的尖吻寬指蟾（*Taudactylus acutirostris*）。其他岌岌可危的兩棲類還有木蛙（*Rana sylvatica*）、黃腿山蛙（*Rana muscosa*）、南方雙帶河溪螈（*Eurycea cirrigera*）、聖馬科斯螈蜥（*Eurycea nana*）、德州鯢（*Eurycea neotenes*）、布蘭科河泉大鯢（*Eurycea pterophila*）、巴頓泉大鯢（*Eurycea sosorum*）、高原鯢（*Eurycea tonkawae*）、傑斐遜鈍口螈（*Ambystoma jeffersonianum*）、西方合唱青蛙（*Pseudacris triseriata*）、南方蟋蟀青蛙（*Acris gryllus*）、東方鋤足蟾（*Scaphiopus holbrooki*）、南方豹蛙（*Rana sphenocephala*）、里歐格蘭德河豹蛙（*Rana berlandieri*）和撒丁島螈蜥（*Euproctus platycephalus*）。

　　全球性的大型調查顯示，蛙壺菌已經出現在島嶼國家，如東南亞一帶的印尼、東亞的臺灣和東北亞的日本。最近，亞洲的內陸與半島國家，如泰國、韓國和中國也都出現了蛙壺菌的感染案例。

　　兩棲類動物當中，以蛙類占多數，牠們在食物鏈中扮演著掠食者與獵物的雙重角色，是非常重要的環節，也是水生動物與陸生動物之間的連結。假如兩棲類動物消失了，許多害蟲的數量將暴增，進而威脅到公共衛生與食物供應，疾病散播規模也會因此增加。全球有六千種兩棲類動物，有多少可以逃過這波大浩劫呢？

Geomyces destructans

地黴鏽腐菌

Geomyces destructans

蝙蝠雖然對某些人而言有些可怕，然而牠們其實是人類的好朋友。許多蝙蝠在短短一個晚上可以吃相當於自己體重的昆蟲量，包括植物病原昆蟲。光是美國，蝙蝠每年就幫農民省下數十億美元的蟲害防治費用與作物損失。一隻蝙蝠一年可以吃下一萬隻飛蛾，十八萬隻蚊子大小的昆蟲，除此之外，牠也扮演傳播植物花粉的角色。然而，這個人類好幫手目前正面臨著極大的危機。

毀滅者

　　惡名昭彰的地黴鏽腐菌，現在被稱為假裸囊鏽腐菌（*Pseudogymnoascus destructans*），因為在 2013 年的親源關係分析顯示，地黴鏽腐菌在演化上比較接近假裸囊菌屬（*Pseudogymnoascus*）而不是地黴菌屬。不過我們在這裡還是使用舊名，因為大部分文獻仍然以地黴鏽腐菌來描述蝙蝠白鼻病菌（Bat white-nose syndrome）。

　　地黴鏽腐菌的生長速度非常緩慢，在實驗室培養溫度不能超過 20 ℃，最適合生的溫度是 12.5~15.8 ℃，這恰巧是蝙蝠在冬眠時的體溫。科學家起初一開始檢查這病菌時，發現這些孢子表面上看像鐮孢菌，卻缺乏像鐮孢菌孢子該有的分隔。2008 年，美國地質測繪局（United States

◆ 原生地（發現地）
美國紐約州。

◆ 拉丁名稱原義
Geomyces，Geo 是「地理」的意思，與其在地質洞穴中發現有關。
myces，新拉丁字，起源於希臘 *mykēs*，意思是「真菌」。
destructans 等同於拉丁字 *dēstruō*，有「毀滅，搞砸」的意思。

◆ 應用
疾病。

Geological Survey）的布萊赫特（David Blehert）轉而求助於分子生物學。經由比對 DNA 後，這種真菌被歸類到柔膜菌目（*Helotiales*）地黴菌屬。地黴鏽腐菌的發現歷史其實很短，但因為它太有殺傷力，2009 年加爾加斯（Andrea Gargas）等研究者發現時，給它取了一個難以忽視的名字——「destructans」，意思是「毀滅」。

蝙蝠白鼻病是一種新的疾病，研究者尚不知道為何這個疾病忽然出現，還無法完成柯霍氏法則（Koch's postulates）檢驗，無法斷定蝙蝠白鼻病是否由地黴鏽腐菌直接造成。不過，組織病理學一直都有清楚記載，這種真菌是白鼻綜合症皮膚感染的致病因素。

2011 年，根據科學家們在美國地質勘探局公布的研究，這種真菌被明確認定為蝙蝠白鼻病的主要禍首。

柯霍氏法則

◆

1882 年，德國細菌學家柯霍發表證明肺結核病是由結核桿菌所引起。在該篇報告中，他詳述了驗證炭疽熱和結核病病因的方法。後來，這個方法被所有研究生物病害的科學家奉為規範，並稱之為「柯霍氏法則」——

1・可疑病原體（細菌或其他微生物）必須存在於每一個患病的宿主（例如植物）。

2・可疑病原體（細菌或其他微生物）必須可從罹病的宿主（例如植物）進行分離和純培養基中生長。

3・將採自培養基且懷疑是致病菌的菌株接種到一個健康的敏感宿主（例如植物），宿主必須也出現預期的疾病。

4・一樣的病原菌，必須要可以再次從實驗性接種的宿主上採集到。

空蕩蕩的蝙蝠洞

　　蝙蝠白鼻病是由地黴鏽腐菌所引起的疾病。這種真菌喜歡在低溫的環境生長，所以蝙蝠通常是在冬眠時被感染。一般而言，冬眠的動物免疫力會下降，這時候蝙蝠白鼻病就有機可乘了。冬眠蝙蝠受到感染的病徵，通常是在鼻子與沒有毛髮遮蔽的地方，甚至是翅膀上長出白色菌絲。蝙蝠染病後，會太早結束冬眠而醒來，飛出洞穴覓食，但由於昆蟲都還在蟄伏，飢餓的蝙蝠會用盡過冬儲存的脂肪而死亡。2007 年冬天，科學家在美國紐約州北部奧爾巴尼（Albany）的五個蝙蝠洞穴中，發現成千上萬隻已經死亡的小棕鼠耳蝠（little brown bat），死亡率高達 81~97%。這些蝙蝠的口鼻和耳部都長有白色的黴斑。第二年冬天，這種疾病已經擴散到了三十三個蝙蝠洞穴，到了 2012 年初，傳染範圍更加擴大，最北到加拿大，最南到阿拉巴馬州，向西則到密蘇里州。這種由地黴鏽腐菌感染導致的蝙蝠白鼻病已經在美國造成五百七十萬隻蝙蝠的死亡。目前已知有七種蝙蝠受到這種疾病的威脅。研究更發現，很多蝙蝠用以冬眠的洞穴已經空空如也，甚至預測未來的二十年之內，美國的小棕鼠耳蝠可能會在東部地區銷聲匿跡。

　　2011 年，一些抗真菌劑、殺菌劑和殺生物劑已經被使用並證實能有效抑制地黴鏽腐菌的生長。2014 年，幾個揮發性有機化合物，例如苯甲醛，也有抑制菌絲生長與孢子萌發的功效。2015 年更進一步利用生物農藥的概念，以玫瑰色紅球菌（*Rhodococcus rhodochrous*）來抑制假裸囊鏽腐菌的生長。雖然地黴鏽腐菌造成蝙蝠疾病的統計資料絕大多數來自美國，但這實則為全球都需要關心的重要議題。

Nosema ceranae

東方蜂微粒子蟲

Nosema ceranae

東方蜂微粒子蟲不是蟲，而是一種被歸類到「小孢子蟲目」（Microsporidia）的真菌。以前，「小孢子蟲目」被認為是屬於原蟲家族的一員，後來由於基因體序列解碼，加上顯微鏡技術的突破，科學家終於讓小孢子蟲目裡的成員回歸到真菌界。不過，由於沒有再更名，才會出現這樣讓人混淆的名字。東方蜂微粒子蟲會造成蜜蜂微粒子蟲病，也稱為小孢子蟲病，目前被認為是「蜂群崩潰症候群」的主謀之一。

蜂群崩潰症候群

　　蜂群崩潰症候群（CCD），指的是蜂巢內的大量工蜂突然不知去向，留下女王蜂、大量花蜜食物以及未成熟的幼蟲。這個現象在 2006 年首次在美國被命名，但其實，最早在 1869 年，就有文獻記載過類似的現象。蜂群崩潰症候群的成因，至今仍然眾說紛紜，有可能是病毒，如以色列急性麻痺病毒（Israeli acute paralysis virus）、蟲蟎、真菌感染以及氣候變遷，甚至是基因改造農作物或電磁波輻射都曾被懷疑是元凶。但是，也有可能是由複雜的多個因素綜合所造成，這個蜂群消失的現象到底是新的自然現象，還是一個過去曾出現，但現在因為農業的集約而引發的舊現象，至今沒有人知道。

◆ 原生地（發現地）
最初發現在中國。

◆ 拉丁名稱原義
Nosema，新拉丁字，由古希臘字 nósēma 而來，意思是「疾病」，或由古希臘字 voσɛ ĩv 而來，意思是「生病」。
ceranae，拉丁字，意思是「蠟，蠟封，蠟寫字版」。也跟希臘字 keros 有關，意思是「蜂蠟」。或就只是單指「蜜蜂」的意思。

◆ 應用
疾病。

在眾多的可能原因之中，其中一個嫌疑犯就是東方蜂微粒子蟲，美國研究指出，出現蜂群崩潰症候群症狀的蜂巢都感染昆蟲虹彩病毒（insect iridescent virus）和東方蜂微粒子蟲，而且，這兩種病菌無法單獨造成巨大殺傷力，但當兩者聯手攻擊蜂巢時，致命性可達百分之百。

東方蜂微粒子蟲的相關研究與發現，是近二十年來的事。首先是 1996 年在中國的東洋蜂（*Apis cerana*）身上發現這種真菌，然後 2005 年又在歐洲的歐洲蜜蜂（*Apis mellifera*）身上發現，不久後，非洲、亞洲、美洲與大洋洲的歐洲蜜蜂身上也有找到東方蜂微粒子蟲。除此之外，其他在亞洲與歐洲的蜜蜂種類也陸陸續續被發現帶有東方蜂微粒子蟲，還有外型討喜的熊蜂（bumblebee）在歐洲、中國與南美洲也被感染了。臺灣的歐洲蜜蜂也在 2004 年被鑑定出有東方蜂微粒子蟲。

2006 年，東方蜂微粒子蟲已經感染了法國和德國的蜜蜂族群，在美國東部與中部的北方也出現了東方蜂微粒子蟲的蹤跡。

蜜蜂與我們

蜜蜂是養蜂人所依賴的生物，牠們產出的蜂蜜受到人類喜愛。不過，蜜蜂對環境真正重要的貢獻，不是蜂蜜，而是授粉。在很多幅員廣闊的國家如中國或美國，養蜂人會開車載著蜂箱，讓蜂箱裡的蜜蜂到處去為花授粉，好讓作物成功按時結果，確保廣大的農耕地能夠產出足夠的糧食供應。農夫通常會給這些養蜂人一點酬勞。

一直以來，蜂群崩潰症候群沒有受到應有的關注，人們總認為蜜蜂永遠不會消失。以美國的杏仁產業來說，如果野生蜂群消失，完全仰賴養蜂人的話，光是加洲杏仁就需要兩百萬個蜂群（全美目前有兩百五十萬個蜂群）才可以充分授粉。然而，蜜蜂一年一年減少，如果所有的蜜蜂都去加州幫杏仁授粉，那就沒有華盛頓蘋果，也沒有緬因州藍莓，或是佛羅里達柑橘……。蜜蜂是環境的重要生物學指標，蜜蜂消失是環境惡化的警訊，表示更大的災難可能正悄悄地接近。

曾有一說：「如果蜜蜂從地表上消失，人類活不過四年。」雖然這句話的出處不明，可能是綜合了《物種起源》的作者達爾文、1911 年諾貝爾文學獎得主梅特林克（Maurice Maeterlinck）以及愛因斯坦的言論。不過，從這句話便不難想像，小小的東方蜂微粒子蟲，是掌控人類存亡的關鍵之一。

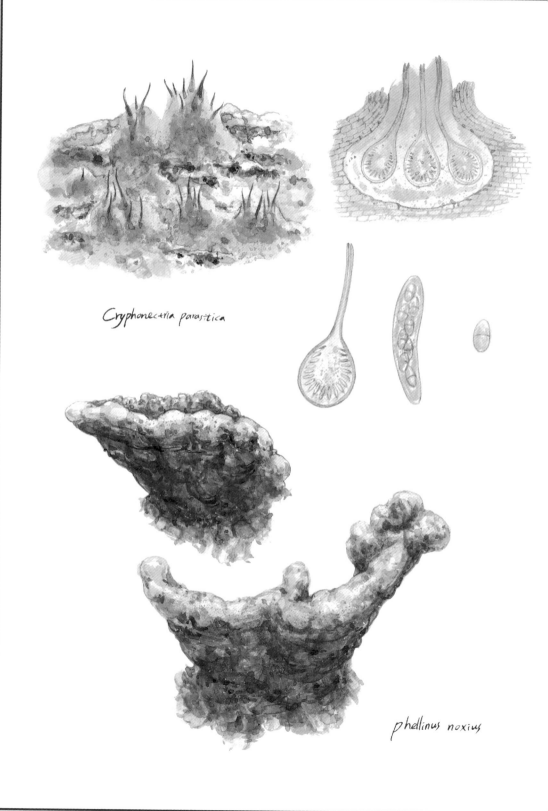

Cryphonectria parasitica

phellinus noxius

栗樹浩劫

褐根腐病菌與
栗樹枝枯病菌

Phellinus noxius &
Cryphonectria parasitica

樹木很容易因為真菌而生病，不過，感染真菌的樹木
不會像草本科植物很快死去，而是會歷經好幾年甚至
幾百年才會倒下。因此，通常只有當極端例子出現，
例如大範圍林木快速且集體死亡，人類才會驚覺事態
嚴重。能夠快速摧毀大片森林的生物，除了人類以外，
大概就只剩下真菌了。

褐根腐病

    2013 年 4 月，臺南孔廟旁一棵老榕樹倒下，壓到「禮
門」，造成古蹟損壞。這棵老榕樹罹患了褐根腐病，根部因
此腐爛，無法支撐沉重的樹體。褐根腐病在臺灣最早的報
導，是 1928 年由澤田兼吉（Kaneyoshi Sawada）提出，然
而卻一直沒有被關注。直到 1990 年代，褐根腐病明顯為害
到多種經濟果樹及樹木，如龍眼、荔枝、梅花以及一些具歷
史意義的老樹後，才逐漸受到重視。2013 年，林業試驗所
對於臺灣罹病的樹有比較完整的統計，大約有二萬三千多
棵，大多集中在公園、綠地、行道樹及校園等區域。之後，
根據通報案件的數據統計，光是 2016 年，在重要樹木病害
的通報案件之中，褐根腐病就占了總通報案件的 37％。而

褐根腐病菌

◆ 原生地（發現地）
分布在熱帶地區，例如，
中美洲、非洲中部、大洋
洲以及東南亞。

◆ 拉丁名稱原義
Phellinus，phell– 是「軟
木塞」。字根 –inus 意味
著「最高級」。言下之意
就是，Phellinus 這屬真
菌是「最像軟木塞的」或
意指「最強硬的」。
noxa，是「傷，錯，過錯，
懲罰」的意思。

◆ 應用
疾病。

2017 年上半年的統計，更指出褐根腐病的危害愈趨嚴重，在通報案件（526 件）當中，褐根腐病就有 299 件，占總數的 56.9%，可說是都市樹木的極大威脅。褐根腐病菌是由釦樂（E.J.H. Corner）於 1932 年首先描述，他當初正在調查新加坡樹病，一開始，他將這種病菌歸類為「根腐層孔菌」（*Fomes noxius*，又名有害層孔菌），後來被坎寧安（G.H. Cunningham）在 1965 年重新分類為褐根腐病菌。

　　褐根腐病菌主要分布在亞熱帶與熱帶地區的非洲、亞洲、大洋洲、中美洲和加勒比海地區。可被褐根腐病菌感染的植物不勝枚舉，橫跨裸子植物一百個屬，還有單子葉植物和雙子葉植物的被子植物。交叉感染試驗顯示，褐根腐病菌雖然對不同植物的感染程度不一，不過卻沒有宿主專一性。也因此，農業損失上要看是否為經濟作物而定，有些微不足道，有些卻很慘重。目前已知的宿主有紅木、柚木、橡膠、棕櫚樹、茶樹、咖啡和可可豆以及各種水果、堅果和觀賞樹木。一旦褐根腐病菌出現在種植區，就很難根除，因為它會經由根部傳染給健康植株。

氣候變遷下的樹木悲歌
◆

荷蘭榆樹疾病（Dutch elm disease）在歐洲中部廣泛流行，侵襲著美麗的荷蘭榆樹。溫暖氣侯會讓攜帶荷蘭榆樹病菌（*Ophiostoma novo-ulmi*）的甲蟲更為活躍，造成疾病傳播範圍加大。隨著氣候變遷，1990 年，荷蘭榆樹病菌已往北傳到挪威奧斯陸、瑞典斯德哥爾摩和俄羅斯聖彼得堡。

另一個重要的樹病菌，是導致北半球主要針葉樹（蘇格蘭杉與挪威松）樹根與基部腐病的異擔子菌，每年造成歐盟國家七億九千萬歐元損失。異擔子菌的孢子，在溫度高於 5°C 時開始有感染能力，暖冬會增加感染頻率，以及延長感染時間。

栗疫病

　　一百多年前，北美大陸覆蓋著上百年的美洲栗樹森林。高大挺拔的栗子樹林，北起緬因州之南，南到佛羅里達州，東由皮特蒙，西至俄亥俄山谷，約有三萬六千四百平方公里。拓荒者稱美洲栗樹是「樹王」，當時有一俏皮說法——松鼠只要在栗子樹間跳躍，就可以一路由喬治亞州跳到紐約州都不需落地。

　　二十世紀初，栗樹枝枯病菌隨著亞洲栗樹被引進美國，結果造成全美四十億株栗子樹的空前浩劫，共有 80% 的樹死亡。美國栗子樹的樹葉很茂密，曾經是美國東部硬木森林的樹冠優勢樹種，具有篩選森林底層植被的功能，當雨水穿過栗子樹的樹葉時，滴到森林的雨滴含有具植物毒性的化學物質，可以抑制互相競爭的其他植物物種。栗樹大量死亡後，橡樹、紅楓與山胡桃樹取而代之，讓以前依賴栗子樹而生存的動植物也跟著消失，大大降低了森林生物的多樣性與數量。

　　栗樹枝枯病菌不僅在美國大開殺戒，遠在大西洋東岸的歐洲，也面臨同樣遭遇。雖然栗樹枝枯病菌不會對栗樹以外的樹造成傷害，但由於它可以躲藏在不同宿主中，使得防疫難度非常高。

　　人類的遷徙會帶給自然環境壓力。一百年前，亞洲移民大量湧入美洲時，也帶進外來種。外來種與本土物種交流的下場，多半導致本土物種的大災難，無論是疾病以及生存空間的競爭，還是雜交後造成原生種的滅絕等。栗樹枝枯病菌讓人們付出慘痛代價，後來很多國家對於木材或樹種的進出口都更加小心了，木材需要經過化學煙薰殺菌後才可以放行，活體則要通過嚴格檢疫。

栗樹枝枯病菌
◆ 原生地（發現地）
分布在溫帶地區，例如，北美的東西岸、歐洲與中國。

◆ 拉丁名稱原義
Cryphonectria，crypho–或是 crypt– 是「隱藏」的意思。nectria 是 nek–（necro–）有「死亡」之意。
parasitica 原本為拉丁文 parasīticus，演變成 parasītikós。是「寄生蟲」的意思。

◆ 應用
疾病。

第四部

農業殺手

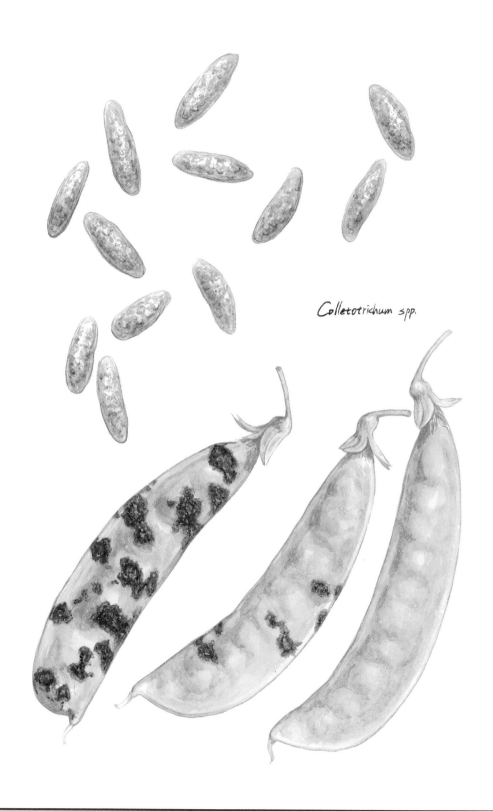

Colletotrichum spp.

玉米浩劫與農業災難

禾本科炭疽刺盤孢菌與
其他玉米相關真菌害

Colletotrichum graminicola

玉米是重要的糧食作物，然而，很多真菌都愛找玉米的麻煩。這一章，我想介紹這些讓玉米生病的主要真菌，包括禾本科炭疽刺盤孢菌、玉米節壺菌（*Physoderma maydis*〔*Cladochytrium maydis*〕）、玉米葉點黴（*Phyllosticta maydis*）、玉米指梗黴（*Sclerospora maydis*）、玉米頭孢黴（*Cephalosporium maydis*）與異螺旋孢腔菌（*Cochliobolus heterostrophus*）。

禾本科炭疽刺盤孢菌

　　禾本科炭疽刺盤孢菌所造成的玉米炭疽病是全球性的疾病，它會在任何季節，感染宿主的任何組織，這正是它棘手之處。1970 年代早期，美國中北部和東部的農業開始受到炭疽流行病的衝擊，兩年之內，西印第安納的甜玉米罐頭工廠一一倒閉。1980 至 1990 年代，炭疽病莖腐病出現在美國許多玉米田中，因為種植的都是基改玉米，估計病菌的影響力會繼續增加。相較於一般玉米，Bt 基因改造玉米雖然可毒殺鱗翅目幼蟲與毛蟲，但更容易受到禾本科炭疽刺盤孢的感染，同時也容易受到引發莖腐病的真菌感染。

註：（左頁圖）刺盤孢菌（*Colletotrichum* spp.）主要感染豆科植物。

◆ 原生地（發現地）
世界各地。

◆ 拉丁名稱原義
Colletotrichum，新拉丁字 colleto–，源自希臘字 kollētos 意思是「黏住」或是 kollan 意思是「去黏住」而來。–trichum 是由希臘字 trich–，trich– 是由 thrix 而來是「毛髮」的意思。
graminicola 是為拉丁字 gramineus，由 gramin– 而來，gramen 就是「草」的意思。

◆ 應用
科學研究與疾病。

除了玉米會被感染炭疽病，其他作物也有同樣困擾，如菜豆和大豆。集約農業的發達，讓刺盤孢菌有機會大展身手，1875 年，菜豆炭疽病在德國波恩（Poppelsdorf）農業研究所裡的蔬果園裡被鑑定出。之後，1878 年，許多菜豆炭疽病的觀察就被記錄在《含笑屬科植物》（*Michelia I:129*）當中，並確認菜豆炭疽病是由菜豆炭疽病菌（*Gloeosporium lindemuthianum*）所造成。幾年後，因為發現該菌的剛毛結構，所以又將其重新分類，將屬名改成刺盤孢菌，並沿用至今。大豆炭疽病最早是在 1917 年出現於韓國，如今這種病已經擴散到所有現存的大豆種植區。大豆炭疽病可以導致 16~100% 的農損，農損規模取決於品種與環境條件。

類尼古丁農藥

◆

當昆蟲對於殺蟲劑的抗藥性提高，農藥的效率就愈來愈差，農民於是開始改用效果較好的類尼古丁農藥。類尼古丁農藥會被植物吸收，散布到葉子、莖、花與每一個器官組織，昆蟲只要吃了植物就會死亡。表面上，玉米農業已經找到了解決害蟲的方法，其實卻是生態大浩劫。類尼古丁農藥也殺死了蜜蜂，而且會殘留在作物內，再多的清水浸泡清洗都沒有用。歐盟宣布自 2013 年 12 月起，全面禁止使用類尼古丁農藥，除非科學證明該類農藥對蜜蜂與人類完全無害，才會開放使用。然而，美國還是繼續使用這種農藥，臺灣呢？我們的腳步大都跟隨美國，所以也是繼續使用。

玉米節壺菌與玉米葉點黴

　　玉米節壺菌屬於壺菌屬（*Cladochytrium*），這一屬約有八十種真菌。由德國植物學家瓦爾羅特（Karl Wallroth）於 1833 年發現。玉米節壺菌在玉米上所造成疾病稱為「玉米小斑病」，好發在雨量充沛和高溫的地區。1976 年，印度的玉米田爆發了玉米小斑病，造成玉米產量損失 20%。1971 年，美國伊利諾伊州的白玉米出現嚴重疫情，一些區域的產量損失高達 80%。

　　玉米葉點黴會造成玉米黃大斑病，最早於 1976 年的美國威斯康辛州被正式報導。自那之後，這種疾病就開始出現在玉米主要產區和美國東北部的寒冷地區。葉點黴屬真菌這個名稱最早出現在 1818 年，兩百年來，已經有超過三千一百種真菌被歸類到這一屬。

玉米指梗黴與玉米頭孢黴

　　1962 至 1963 年研究指出，玉米指梗黴與玉米頭孢黴會引起甘蔗或是玉米的霜黴病和玉米晚枯病。玉米晚枯病是埃及最嚴重的真菌疾病，有些地方甚至出現百分之百感染率。該疾病稍後於 1970 年開始出現在印度，並於 1995 年引起高達百分之百的產量損失。1998 年，晚枯病也出現在匈牙利，1999 年出現在肯亞，2010 年葡萄牙和西班牙也出現了病例。傳播迅速的原因，可能來自於進口種子夾帶了病原菌。由於這類真菌可以讓許多種作物染病，因此很難推導出源頭。

異螺旋孢腔菌

　　1968 年夏天，美國正忙於越戰，甘迺迪被暗殺。就在這時，玉米田裡悄悄出了狀況──神祕的玉米腐病，現身於伊利諾州和愛荷華州的幾個主要農場，但並沒有造成玉米損失；所以大家相信只要度過一個冬天，這種病就會自行消失。然而隔年，這個怪病又回來了，這一次，玉米在包葉裡面開始腐爛，秸稈倒地。人們發現這種疾病只對特定的雜交玉米品種有影響，而科學家束手無策。

　　1970 年 2 月，這種病開始出現在佛羅里達州南部，三個月後蔓延到阿拉巴馬州和密西西比州南部，很快地，整個佛羅里達州、阿拉巴馬州海拔較低的地方、大部分的密西西比州、路易斯安那州的低地以及德州沿海地區都淪陷了。到了 6 月，它已經橫掃喬治亞州、阿拉巴馬州和肯塔基州的玉米種植帶區域，全美 85% 的玉米都種植在這裡。短短四個月內，疾病已經向北蔓延至明尼蘇達州和威斯康辛州，進入加拿大，往西最遠到達堪薩斯州和奧克拉荷馬州狹長地帶。

　　後來，科學家終於查出元兇，就是 T 型種的異螺旋孢腔菌，也就是「南方玉米枯萎病」。異螺旋孢腔菌移動快速，有如野火一般，所經之處不到一天，葉就會枯黃，不到十天，玉米就會染病腐爛。1971 年在日本、菲律賓、非洲以及拉丁美洲也都同時有關於玉米枯萎病的報導，因此澳洲和紐西蘭的玉米種子進口商認為，異螺旋孢腔菌的流行應不是起源於美國。

T - 毒素

◆

O 型種異螺旋孢腔菌原本被認為是對玉米溫和的病原菌，直到 1970 年代，T 型種異螺旋孢腔菌摧毀了美國玉米產量的 15% 以上。T 型種跟 O 型種不同之處，在於 T 型種會產生 T- 毒素。T- 毒素是宿主專一毒素，正好 1970 年代種植的玉米大多是 T 型細胞質雄不孕品種（T-cms），因此對 T- 毒素特別敏感。

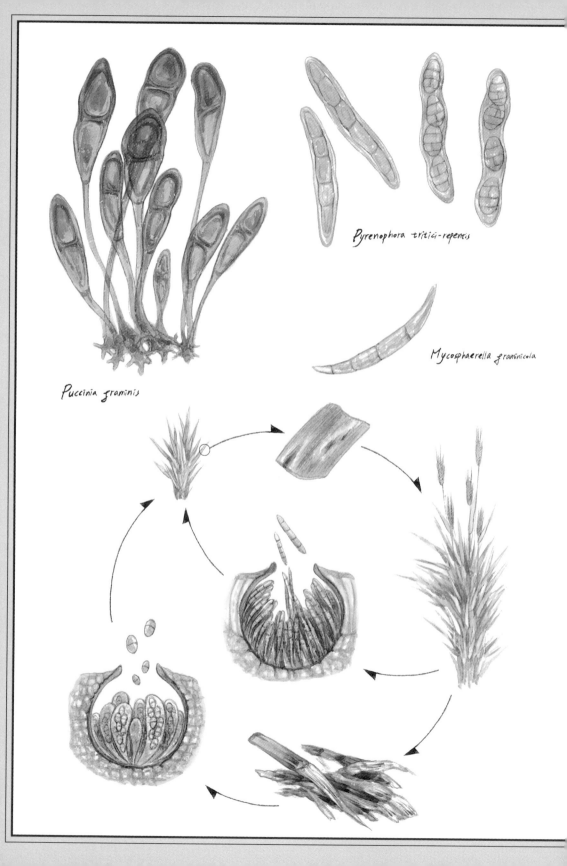

Pyrenophora tritici-repentis

Mycosphaerella graminicola

Puccinia graminis

不再隨風搖曳的麥田

禾穀鐮孢菌、禾生球腔菌、禾柄鏽菌與小麥德氏黴

Fusarium graminearum、 Mycosphaerella graminicola、 Puccinia graminis & Pyrenophora tritici–repentis

人類使用小麥的歷史已經有幾千年或甚至上萬年之久，據考古研究，早在八千年前，人類聚落中就開始出現小麥的蹤跡。不過，在古代，小麥歉收多被記載為起因於氣候因素，例如乾旱，如果是疾病，則多被歸為天神對貪婪人類的懲罰，所以不易求證是否基於真菌疾病。最早有小麥感染真菌疾病的具體記錄，可追溯到 1884 年的英國，那就是禾穀鐮孢菌造成的鐮孢菌白粉病（Fusarium head blight），又稱為赤黴病或是莖基腐病。

禾穀鐮孢菌

鐮孢菌白粉病極具破壞力，常被誤認為黴斑病，會影響種植在溫帶和亞熱帶地區的小麥、大麥、玉米以及一些小雜糧。鐮孢菌白粉病可以在數週之內，完全摧毀農民的莊稼，造成全球每年總計高達數十億美元的損失。

鐮孢菌白粉病是二十世紀初對小麥和大麥的一大威脅，且是全球性的作物疾病，疫情散布在亞洲、加拿大、歐洲和

◆ 原生地（發現地）
世界各地。

禾穀鐮孢菌
◆ 拉丁名稱原義
Fusarium，新拉丁文 *Fūsārium*，來自於拉丁文的 *fūsus*，意思是「紡錘（形狀）」。
graminis 也就是 *grāmen*（名詞），*grāminis*（所有格）是「草」的意思。
earum 也就是 *eārum* 意思是「走」。

禾生球腔菌
◆ 拉丁名稱原義
Myco 是「真菌」的意思。
sphaera 由古希臘字 sphaîra 而來，意思是「球」。

南美洲。在過去十年中，鐮孢菌白粉病已達到可稱為流行病的程度，造成產量損失和種子品質的下降。禾穀鐮孢菌產生的單端孢黴烯族毒素（trichothecenes），目前並無找到抗菌或是耐毒作物品種可供栽培，殺菌劑的使用也因為成本考量以及難以有效地應用到麥穗而有其限制。

禾穀鐮孢菌在小麥開花期，於蠟熟初期核在生長時感染小麥粒穗狀花序，經由花朵進入宿主植物，感染過程複雜而且尚未能研究透徹，所以還無法有效控制。感染會造成宿主的氨基酸組成產生變化，導致核仁乾扁，剩餘的穀物也遭到汙染。尋找可以對禾穀鐮孢菌有抵抗力的宿主，是對抗這種疾病的當務之急。

禾生球腔菌

禾生球腔菌會造成「小麥葉枯病」（septoria tritici blotch），故名思義，這種病會造成小麥葉子枯黃，嚴重影響小麥產量。禾生球腔菌從小麥在一萬至一萬兩千年前的新月沃土（Fertile Crescent）地區被人類馴化成糧食作物的那一天起，就一直跟隨著小麥，至今仍是造成小麥疾病的主要致病菌之一，全世界的小麥種植區都可以發現小麥葉枯病的蹤跡。小麥葉枯病會造成小麥產量減少 30~50%，對經濟無疑是一大衝擊，且為了抑制這種疾病所使用的農藥，每年都花掉數億美元。

禾生球腔菌的感染是經由氣孔而不是直接穿鑿過宿主的表面，而且潛伏期長達兩週。這真菌可以在潛伏期時逃過宿主的防禦系統，之後就迅速轉換變成具有殺傷力的壞死菌形態。

禾生球腔菌很難控制，因為活躍的有性生殖讓禾生球腔菌的後代一直保有可供篩選的多樣基因體，讓它能適應與忍受環境與農藥的衝擊。禾生球腔菌遺傳學最引人注目的

新月沃土

◆

位於今日的以色列西岸、黎巴嫩、約旦部分地區、敘利亞，以及伊拉克和土耳其的東南部、埃及東北部。由於在地圖上好像一彎新月，所以人們把這片肥美的土地稱為「新月沃土」。新月沃土上的三條主要河流約旦河、幼發拉底河和底格里斯河的流域合共約四十至五十萬平方公里。約旦和幼發拉底河上游周圍的西部區域，是一萬一千年前首個所知的農業定居點。在灌溉的作用下，這片土地非常肥沃，人民也依靠該土地上出產的糧食為生。早在西元前七千年，這裡已有糧食生產。

焦點，就是它的基因體包含八個可以丟棄的染色體。此外，一般真菌主要是依靠分解宿主的碳水化合物來取得養分，但禾生球腔菌可能是靠分解蛋白質來取得養分，這也讓禾生球腔菌能夠成功的逃避宿主的防禦系統。

禾柄鏽菌與小麥德氏黴

　　禾柄鏽菌會感染小麥，導致「小麥桿鏽病」（Wheat stem rust），在人類歷史上曾引發多次糧食危機。1953 年，美國因為小麥桿鏽病，小麥產量減少達 40%。1960 年代開始種植含有抗病基因的小麥之後，直至 1990 年代末，已成功緩解了該疾病的威脅。可是，1998 年，烏干達出現了一種新型禾柄鏽菌，這一次，就連基改作物也擋不住，而且現在已經從非洲擴散到了中東地區，應該很快就會再次遍及北美與歐洲的小麥種植區。到時，又會是一場腥風血雨的真菌戰鬥。

　　小麥德氏黴會造成「小麥黃斑葉枯病」（yellow leaf spot），最早被記載於 1823 年。它不分地域性，全世界任何有小麥的地方（澳洲、加拿大、美國、中南美洲、歐洲、非洲與亞洲）都可以發現其蹤跡。一般來說，如果小麥田感染了小麥德氏黴，會造成多達 30% 的損失。然而，如果氣候條件有利於小麥德氏黴生長，更會造成多達 49% 的歉收。

–ella 字尾通常用在細菌的名稱上。新拉丁字 –ellus 多用於女性名字的結尾。
cola 由 kola 而來，意思是「核果」。

禾柄鏽菌
◆ 拉丁名稱原義
Puccinia 一字為紀念義大利解剖學家 Tommaso Puccini，在加上新拉丁字的字尾 –ia 而成。

小麥德氏黴
◆ 拉丁名稱原義
Pyrenophora 由拉丁字 Pyreno– 而來，意思是「核心，種子」。phora 是由希臘字 phōr，意思是「負擔」。
tritici 是由 trītus 而來，是 terō 完美被動分詞，意思是「吃牧草」或是「研磨」。
repentis 是 rēpō 的現在動分詞，意思是「爬行」。

◆ 應用
疾病。

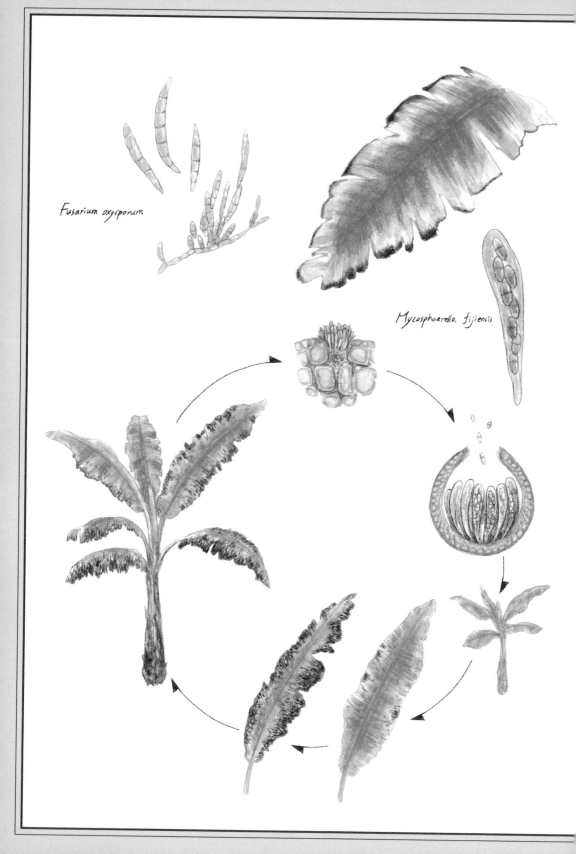

Fusarium oxysporum

Mycosphaerella fijiensis

香蕉王國的沒落

尖孢鐮孢菌與
香蕉黑條葉斑病菌

Fusarium oxysporum &
Mycosphaerella fijiensis

臺灣曾是香蕉王國，1967年，高雄市旗山地區的香蕉，因香蕉鐮孢菌所造成的黃葉病而大受打擊，影響外銷。1960年代，南部香蕉產區也因香蕉黑條葉斑病菌（又稱為香蕉葉斑病菌）所造成的香蕉黑條葉斑病（Black sigatoka，又稱為香蕉葉斑病）大流行，而遭受嚴重損失。這些真菌可導致某些品種的香蕉絕種，在以香蕉為主食或是重要經濟作物的國家，這些真菌讓數百萬蕉農與人民的生活陷入困境。

尖孢鐮孢菌

1950年代，爆發在巴拿馬的香蕉黃葉病，幾乎摧毀了美洲最主要的香蕉出口產業。這次的災難，造成大米歇爾蕉（Gros Michel）瀕臨絕種。尖孢鐮孢菌感染香蕉作物的效率高得令人難以置信，一發不可收拾且極具毀滅性。尖孢鐮孢菌經由土壤和水傳播，可以潛伏在土壤中長達三十年，一旦遇到適當的宿主，它就會循著根系，經由木質部導管藉由水分的傳輸感染全部植株。造成宿主迅速枯萎變成黃棕色，香蕉樹會因為脫水而死。

尖孢鐮孢菌
◆ 原生地（發現地）
全球香蕉產區。

◆ 拉丁名稱原義
Fusarium，新拉丁文 *Fūsārium*，來自於拉丁文的 fūsus，意思是「紡錘（形狀）」。
oxysporum，oxy 由希臘字 oxýs 而來，有「尖銳」或是「酸」的意思。另外，在醫學上用法，為「氧氣」的字首。sporo 源自古希臘字 spora，意思是「種子」或是「播種」。

◆ 應用
疾病。

巴拿馬的疫情爆發後，各國蕉農都改種抗病力較強但香氣略遜一籌的華蕉（Cavendish，又稱香芽蕉）。如今，華蕉已經是香蕉貿易的主流。可是，尖孢鐮刀菌不願就這麼罷手，到了 1990 年左右，殺傷力更大的熱帶四型菌種（Tropical Race Four，TR4）開始流行，而且華蕉對這一型的病菌也沒有抵抗力。由於香蕉不能進行有性繁殖，所以目前所有的香蕉樹都是經由組織培養，換句話說，全世界的華蕉都是「複製蕉」，擁有一樣的基因體。若第四型菌種傳到拉丁美洲，那麼目前占全球 85% 產量的華蕉可能就會走到盡頭。

香蕉黑條葉斑病菌

　　會造成香蕉黑條葉斑病（Black sigatoka）的香蕉黑條葉斑病菌，遍及全球六十多個國家。染病的香蕉樹，其葉子會枯死，產量下降五成，而且一年必須要密集噴藥多達五十次才能稍微控制疫情。目前這個疾病仍被視為危害全球香蕉產區最嚴重的病害之一。1966 至 1967 年，病情擴散至菲律賓、臺灣等十處亞太地區；1969 年、1980 年及 1981 年又分別傳播至夏威夷、中國海南島以及澳洲等十五處。美洲的葉斑病首先於 1972 年出現於宏都拉斯，並陸續發生於巴西、佛羅里達等十七處。非洲則於 1978 年起出現，並蔓延至二十個國家。如此大規模與快速的傳染，該歸咎於發達的蔬果進出口與檢疫知識的缺乏，還有鬆散的檢疫程序。

　　1960 年代，臺灣南部香蕉產區曾有此疾病的大流行，然而，1977 年時，賽洛瑪颱風將高屏地區的香蕉種植區夷為平地，感染源密度下降，再加上當局趁此時全面執行病害防治作業，葉斑病發生率於是逐年下降，目前該疾病僅局限於臺灣東半部某些地區，在西半部則是僅零星發生於高雄美濃至臺南楠西一帶。

再也吃不到香蕉？

　　新的研究指出，我們現在吃的香蕉已經往絕種的路上前進了。在大米歇爾蕉上曾發生過的事，如今也開始在華蕉上奏起了首部曲。華蕉正嚴重受到尖孢鐮孢菌威脅，更糟糕的是，抗殺真菌劑的病原菌出現了，這株抗殺菌劑的病菌躲過了邊境檢疫，跨越東南亞、非洲、中東地區並蔓延到澳洲。荷蘭的研究顯示，這波疫情傳回南美洲是遲早的事，到時全世界 85% 的華蕉可能會因此消失。

　　不過，2017 年 7 月發表的一篇最新研究顯示，澳洲昆士蘭科技大學的研究團隊，將能抵抗 TR4 型尖孢鐮孢菌的野生香蕉中的抗真菌基因 RGA2，以及由線蟲而來的抗多種真菌的基因 Ced9，複製到華蕉當中，在為期三年的研究與試驗之後，兩種基因改造的華蕉皆顯示出良好的抗病效果。這對蕉農來說，無疑是個天大的好消息，不過，若往後市場上只剩下基改香蕉可以吃，不知道消費者的感受如何呢？

香蕉黑條葉斑病菌
◆ 原生地（發現地）
全球香蕉產區。

◆ 拉丁名稱原義
Myco 是「真菌」的意思。
sphaera 由古希臘字 sphaîra 而來，意思是「球」。
–ella 字尾通常用在細菌名稱上。新拉丁字 –ellus 多用於女性名字的結尾。
fijiensis 指的是「斐濟」（Fiji）。

◆ 應用
疾病。

Hemileia vastatrix

消失的咖啡帝國
咖啡駝孢鏽菌
Hemileia vastatrix

咖啡是世界上交易量最大的商品之一，養活數百萬小農戶，是熱帶國家重要的經濟動力。咖啡已經與我們每天的生活同步，也與現在社會和經濟互相牽動。然而，來攪局的咖啡駝孢鏽菌（又稱為咖啡鏽菌），正嚴重威脅著我們起床煮一杯熱騰騰的咖啡，或是在上班的路上順道走進一家咖啡館的小確幸。咖啡駝孢鏽菌分布在非洲、美洲、亞洲與大洋洲任何有咖啡種植的地方，它的生活史至今還沒有全部揭開，除了無法在咖啡樹上觀察到完整生活史，也沒有人知道它們會在哪一種植物上完成生活史。

喝茶吧，英國人

　　咖啡原產於非洲衣索匹亞西南部的熱帶雨林，第一次作為飲料使用可能是為了藥用和宗教儀式，但其提神和清新的氣質讓它深受喜愛，便流行了起來。咖啡館在 1500 年的埃及、阿拉伯和土耳其很常見，歐洲遊客遂將這種奇特風味帶回自己的國家。荷蘭人看到了咖啡的商業潛力，開始在他們殖民的斯里蘭卡、蘇門答臘和爪哇等地種植咖啡。「爪哇」其實就是「咖啡」的意思。到了十七世紀初，咖啡館如雨後春筍般出現在歐洲各個主要城市。一開始，咖啡代表貴族和有錢人的品味，但很快也在一般民眾間掀起熱潮，咖啡館也漸漸成為各地知識分子聚集在一起討論哲學、宗教及評論政治的地點。

◆ 原生地（發現地）
西非的維多利亞湖（Lake Victoria）附近。

◆ 拉丁名稱原義
Hemileia，新拉丁字，由 hemi– 而來，意思是「半」。–leia 來自希臘字的 leios 意思是「平滑」，兩個字所組成。是形容孢子的外型。
vastatrix 意思是「破壞性的」。

◆ 應用
疾病。

十九世紀，荷蘭將斯里蘭卡割讓給英國時，斯里蘭卡已經發展成世界最大的咖啡種植區，英國人接手後加倍開發，在每一吋可用的土地上種植咖啡樹或少量的其他經濟作物，如橡膠以及可可豆。每年出口近四千五百萬磅的咖啡豆，大部分都運往英國。當咖啡在歐洲坐擁特殊地位，咖啡種植區卻開始惡夢連連。1890 年，斯里蘭卡咖啡農場的好運，終於走到了盡頭。

　　咖啡駝孢鏽菌是咖啡樹主要的致病菌，會造成咖啡鏽病，是脆弱的咖啡種植產業的一大夢魘。1861 年，咖啡鏽病首先被發現在西非的維多利亞湖附近，1867 年開始出現在斯里蘭卡，由英國真菌學創始人柏克萊確認為咖啡駝孢鏽菌所引起，並給它取了一個很驚悚的種名——「破壞」（vastatrix）。

　　究竟咖啡駝孢鏽菌是來自衣索匹亞，還是本來就是斯里蘭卡原生，至今仍是一個謎。1879 年，咖啡駝孢鏽菌帶來了國家級的災難，斯里蘭卡政府發出呼籲，希望英國派人來解決問題。一位年輕的植物學家沃德（Harry Marshall Ward）接受了這個挑戰。沃德指出，咖啡等廣泛種植的風險在於沒有防風林來作為孢子擴散的緩衝區，他建議參考法國波爾多地區（葡萄產區）對付病菌的方法，使用保護性殺菌劑（硫酸銅與熟石灰的混和液體）來防止感染。但沃德提出的方法，那時已經來不及挽救咖啡了。

　　1890 年，斯里蘭卡的咖啡產業受到咖啡駝孢鏽菌重創並崩盤，幾年之內，咖啡鏽病擴散到印度、蘇門答臘和爪哇，咖啡生產中心從此轉移到中南美洲。巴西成為世界上主要的咖啡供應商，斯里蘭卡的英國農場主只好轉而生產茶葉，下午茶的文化就此開始在英國盛行起來。不僅是斯里蘭卡，咖啡鏽病更遍布東南亞，最後整個南非、中非與西非的咖啡種植地區都能看到咖啡鏽病的蹤影。經過一段時間嚴重的經濟和社會動盪，茶園種植取代十九世紀末在亞洲被摧毀的咖啡種植，英國人從此改喝茶。

咖啡打帶跑

　　咖啡駝孢鏽菌於 1890 年摧毀亞洲咖啡產業後，並沒有就此罷手。1920 年代，它開始在亞洲與非洲地區蔓延，甚至也傳到了印尼與位在南太平洋的斐濟。最終，到了 1970 年，咖啡鏽病隨著咖啡樹到巴西，並在 1975 年迅速蔓延整個巴西咖啡種植區。1981 年之後，疫情擴展到中南美洲。哥倫比亞的咖啡種植面積有八十五萬公頃，其中 41% 是小果咖啡（*Coffea arabica*），也就是阿拉比卡咖啡。阿拉比卡咖啡易受咖啡駝孢鏽菌感染，造成 1983 年哥倫比亞咖啡田 30 % 的作物損失。疫情會如此慘重，環境劇變是最大的推手，雨量大增與日照因烏雲而變少，都是讓災害惡化的因素。

　　中美洲國家因為咖啡產業受到如此重創，已有四十四萬人在 2013 年失去工作。黔驢技窮的人類，又準備帶著咖啡產業逃離疫區，轉向中國、東非及東南亞，這一次，咖啡鏽病還沒追上，人類就已經先放棄了。

品種單一性的危機

◆

十九至二十世紀，幾乎所有商業化生產的咖啡，都可以追溯血統到同一棵咖啡樹── 1713 年國王路易十四溫室裡的一棵咖啡樹。商業咖啡生產的遺傳單一性，是毀滅性流行病的導火線。在野生種咖啡樹中，其實是有抗菌植株的，到目前為止，已找到九個咖啡樹的抗病基因，不過，這些基因主要來自中果咖啡（*Coffea canephora*）也就是卡內佛拉或羅布斯塔（Robusta）咖啡，以及大果咖啡（*Coffea liberica*）也就是賴比瑞亞咖啡，而非適合商業化生產的阿拉比卡咖啡。要育種出有抗鏽病能力、高生產量以及高品質的咖啡，確實是一大挑戰。

同時，即使是野生的咖啡，遺傳多樣性也已經在減低，這是另一個讓人不安的發展。由於伐木、大量種植薪材與人口增加，原本在非洲衣索匹亞西南部還保有咖啡多樣性的區域已經縮小至不到原本的十分之一。衣索匹亞政府因此明令禁止出口咖啡樹與咖啡種子。

Magnaporthe grisea

鬼火燃燒的稻田

稻熱病菌
Magnaporthe grisea

由稻熱病菌所感染而產生的稻熱病，分布於所有稻米產區，包括亞洲地區的臺灣、日本、韓國、菲律賓、中國與印度，歐洲的義大利以及美洲的美國與巴西等八十五個國家，每年因為稻熱病菌所引起的稻作損失，可以填飽六千萬人的肚子。稻熱病非常棘手，很難擺脫，到目前為止，沒有任何一個稻作地區能完全脫離稻熱病的威脅。稻熱病的病源體於 1891 年被義大利的卡瓦拉（Fridiano Cavara）命名為稻梨孢（*Pyricularia oryzae*），並在 1896 年被日本人白井進一步描述，是分布最廣泛的植物病害之一。

◆ 原生地（發現地）
全球稻米產區。

◆ 拉丁名稱原義
Magnaporthe，magnus
意思是「大」。porth-e，
希臘字，意思是「毀滅」。
grisea 是新拉丁字 *griseus*，
意思是「灰色」。

◆ 應用
疾病與科學研究。

第六稻災

　　1637 年，《天工開物》卷上〈乃粒第一：稻災〉中提到，稻米種植有八災，其中的第六災就是稻熱病。當中描寫，微弱月光有助於病菌孢子傳播與釋放，彷彿它們只在夜間出沒，而染病的稻葉會呈現焦黑的條紋，就像被燒過一般，因而將這種病形容成「鬼火」：「凡苗吐穗之後，暮夜『鬼火』遊燒，此六災也。」

　　之後，稻熱病分別在 1704 年、1788 年、1793 年以及 1809 年在日本被記錄到。1828 年，義大利也出現了稻熱病，1876 年開始出現在美國，並在 1907 年，成為美國史上最嚴重的八種水稻病害之一。

1913 年，稻熱病首先在印度被記錄，然後，一場毀滅性的流行病接著發生在 1919 年的泰米爾納德邦（Tamil Nadu）的坦賈武爾（Thanjavur）三角洲地區。到了 2000 年代，稻熱病已經出現在南加州。稻熱病對於環境的適應能力很強——在中東地區，稻米生長在很高溫、高濕度又低漥的地方，完全只靠地下泉水與河水灌溉，但是此地一樣也有稻熱病，病徵出現在稻稈被灌溉水淹到的部位。葉與其他部位並沒有出現病變。在伊拉克，這種病被稱為「沙雷」（shara）病。

稻米的瘟疫

稻熱病原菌的無性世代稱為稻梨孢，屬於子囊菌，是一種感染植物非常有效率的真菌，分生孢子藉由空氣傳播，飛散到空中，降落在稻葉上時就會萌發產生「附著胞」，如果孢子落在土地上，發芽的孢子會長成菌絲，菌絲接觸到稻子的根部時，就會感染稻子。

梨孢屬真菌大多為植物病原菌，且對宿主的專一性很強，其中稻梨孢主要感染水稻，其種名就是以感染的宿主來命名。自然界中的稻熱病菌，個體間分別具有許多不同的生理特性，利用對水稻品種的致病力不同，可以將稻熱病菌做種內分類成不同「生理小種」（physiologic races），又稱病原小種。稻熱病菌本身的變異性很大，因此當人們推出抗稻熱病的水稻品種後，病菌就會變異產生新的生理小種來克服宿主抗病性。

如果環境適合稻熱病菌生長，稻米染病產生病徵到細胞死亡、稻熱病菌又產生新的孢子去感染下一株健康的稻米，整個過程大約只需一週。稻熱病菌只要一個晚上就能產生成千上萬個孢子，不到二十天就能摧毀整個稻田，就像瘟疫一樣，也難怪古人會用「鬼火」來形容這個疾病。

稻熱病在臺灣的狀況

◆

在臺灣，稻熱病最常發生在第一期稻作上，水稻插秧後
三十五至四十五天最容易被感染。高屏地區（熱帶地區），
一般是每年一至二月的幼苗期，與二至三月的分蘗期，因
氣候正值日夜溫差大且濕度高（90%上），所以容易發生。
到了四至五月的孕穗期及抽穗期，一旦染病就會歉收。目
前有效的防治作法就是噴藥以及合理施肥。

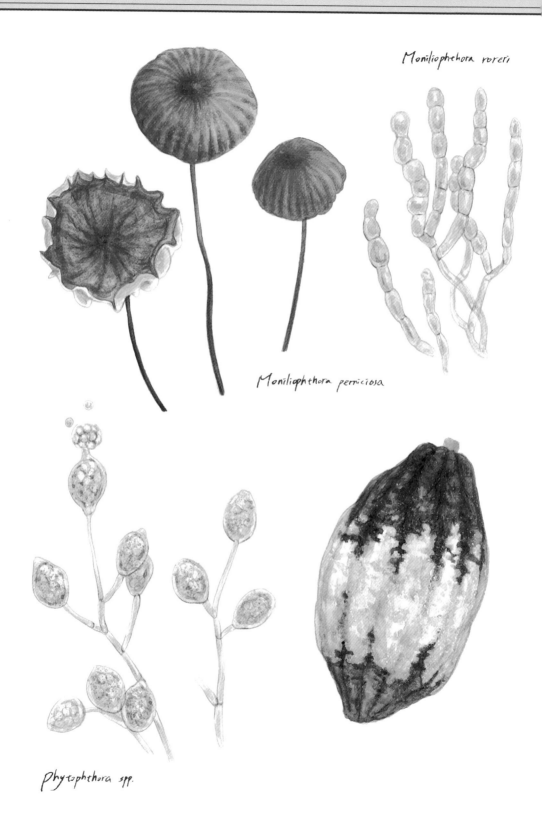

Moniliophthora roreri

Moniliophthora perniciosa

Phytophthora spp.

最後一顆巧克力

可可叢枝病菌、可可鏈疫孢莢腐病菌與可可疫黴

Moniliophthora perniciosa、Moniliophthora roreri & Phytophthora spp.

可可鏈疫孢莢腐病菌造成的冷凍莢腐病（frosty pod rot），主要出現在南美洲西北部的國家。十九世紀末，它侵略哥倫比亞和厄瓜多的可可種植園，造成巨大災難。可可叢枝病菌是一種會造成叢枝病的真菌，二十世紀傳遍整個南美洲、巴拿馬和加勒比海地區，造成可可的重大損失。這些真菌看上我們最愛的巧克力，使一塊又一塊的可可田走向荒廢。

巧克力的死亡之白

　　所有的可可品種都會被可可鏈疫孢莢腐病菌感染。得到冷凍莢腐病的可可豆莢會呈現雪白色，就像被冰凍一樣。1817 年時，在哥倫比亞的桑坦德（Santander）出現冷凍莢腐病，之後，該地區平均每年損失 40 ％乾燥可可產量，相當於三千三百萬美金。將近一個世紀之後，冷凍莢腐病又在 1895 年出現在厄瓜多。1918 年，厄瓜多克韋多（Quevedo）爆發的冷凍莢腐病，為歷史上最驚悚的大流行，可可出口量下滑了近一萬公噸，流行地區的可可種植園荒廢了整整三年之久。1988 年，冷凍莢腐病一路往南傳到秘魯，造成大

◆ 原生地（發現地）
中南美洲。

可可叢枝病菌
◆ 拉丁名稱原義
Monilio，monīlis（所有格）意思是「項鍊，一串寶石」。
phthora，希臘字，意思是「毀滅，死亡」。
perniciosa 由拉丁文 perniciosus 演變至英文 pernicious，意思是「有害，有毒」或是「毀滅」。

約一萬六千公頃的可可種植地被迫荒廢，最後，原本是巧克力出口國的秘魯變成了需要靠進口才能滿足國內需求。

疾病繼續往北向中美洲蔓延到所有種植可可樹的區域，包括哥斯大黎加、尼加拉瓜、宏都拉斯、瓜地馬拉、貝里斯，2005 年時已來到了墨西哥。2017 年，在非洲牙買加的克拉倫登區（Clarendon）也發現了冷凍莢腐病，克拉倫登區的可可產量占牙買加全國的 70%，農業官員已嚇出一身冷汗。看來，冷凍莢腐已經離開了美洲一路來到非洲，而大部分被感染的區域，最終都只有棄田一途。

不過，有些可可品種表現出一定程度的抗菌力，所以就地篩選具抗病的植株，以及提高可可樹品種的多樣性，避免同一種植區只使用單一品種，還有篩選耐旱（乾旱不利於病原菌的生長）的可可樹，也許有機會在這一場與真菌的巧克力戰爭當中占上風。

巧克力的崛起與危機

◆

1528 年，中美洲的西班牙殖民者，埃爾南・科爾特斯（Hernán Cortés）為當時的西班牙國王，查爾斯五世 （Charles V）帶來了新世界的可可豆，並將之稱為巧克力（Chocolatl）。1544 年，一群來自多明尼加的西班牙修士帶來瑪雅人（Mayans）的伴手禮，拜訪了當時的西班牙腓力王子（Felipe II de España），之後巧克力就開始風行歐洲。由於需求量增加，西元 1585 年，第一艘運載可可豆的船抵達西班牙。

可可樹的大厚莢含種子三十至四十顆，需要大約六個月的時間，才會完全成熟。成長中的果實很容易受到感染，如果在生長最初的幾個星期受感染，豆莢中的可可豆會停止生長。當正在生長的豆莢被感染，最後成熟豆莢與種子會完全水狀腐爛。當更成熟的豆莢被感染後，會導致部分種子的損失。可可樹通常生長在雨林當中，種植可可樹能提供野生動物棲息地，但因為可可疾病肆虐，農民砍筏森林改種其他作物，結果造成森林覆蓋率遭到破壞。因此，可可樹的真菌病害不僅影響可可豆的供應，而且對熱帶環境的保護也產生了衝擊。

樹上的巫婆掃帚

1785 年和 1787 年，費雷拉（Alexandre Rodrigues Ferreira）在亞馬遜地區觀察到可可叢枝病並寫在筆記本上，是已知最早敘述可可叢枝病的文字紀錄。可可叢枝病菌是一種會造成叢枝病的真菌，二十世紀傳遍整個南美洲、巴拿馬和加勒比海地區，造成重大損失。真菌性「菽葉病」又稱「巫帚病」（witches' broom disease）入侵巴西後，造成可可產量大減。可可豆生產大國巴西，還一度需要仰賴進口來滿足國內的需求，而代代種植可可樹的家庭被迫放棄農場，搬到都市的貧民窟，短短數年間，幾世紀下來所建立的可可種植知識與基礎便被破壞殆盡。這些災難性的農損讓農民與科學家體認到，以宿主自己的免疫能力來抗病，是最經濟也是長遠之計。於是，在 1930 年代，抗病植株在千里達及托巴哥進行篩選，篩選出的植株在 1950 年代廣泛被應用與種植。但好景不長，從其他國家引進的新病原，再一次且更兇猛地摧毀抗病植株，使計畫全面潰敗。目前，巴西正積極的以分子遺傳技術來設法解決這個棘手問題。

可可叢枝病菌目前仍只局限在南美洲、巴拿馬與加勒比海，農民帶著可可豆一路逃到非洲國家的象牙海岸、迦納、奈及利亞與喀麥隆，現在，數百萬農民在非洲種植可可樹，生產的可可占全世界 70%。

<table>
<tr><td>

可可鏈疫孢莢腐病菌
◆ 拉丁名稱原義
roreri，拉丁字，意思是「露水」。

可可疫黴
◆ 拉丁名稱原義
Phyto，phyt– 由希臘字 phuton 而來，意思是「植物」。

◆ 應用
疾病。

</td></tr>
</table>

巫帚病的生態貢獻

◆

巫帚病或叢枝病是一種會造成木本植物疾病或畸形的病徵，一般來說，樹會因此變形，一堆黑壓壓的芽從單一點增長，最後看起來就像一把掃把或一個鳥巢。可可樹、紅棗、木材用樹苦苓樹、雲杉與側柏等重要經濟樹木都會被感染。但是，巫帚病其實有其生態重要性。它們是很多生物，例如某些蛾類幼蟲的棲息處，還有一些動物也是以這種「現成鳥巢」為窩，例如北方飛鼠（*Glaucomys sabrinus*）。

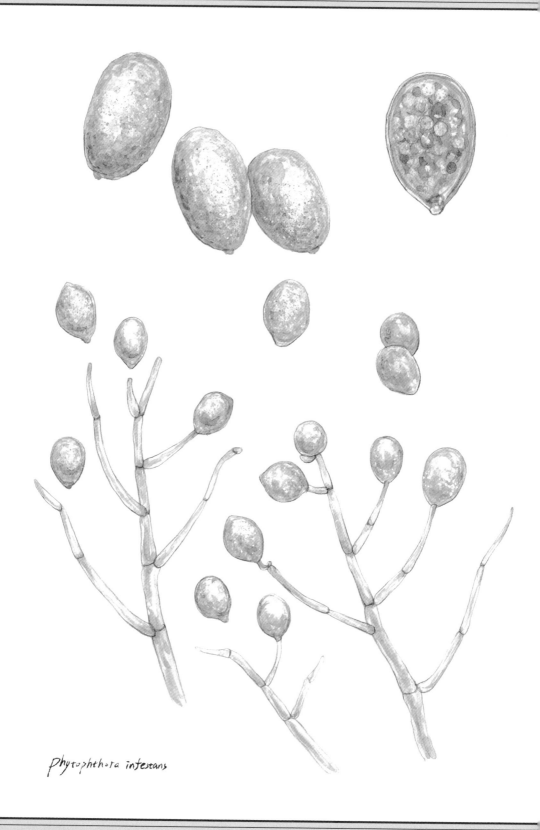

Phytophthora infestans

致病疫黴

Phytophthora infestans

科幻電影《絕地救援》（*The Martian*, 2015）當中，麥特‧戴蒙（Matt Damon）飾演的太空人兼植物學家沃特尼（Mark Watney），受困火星後，在船艙內種植馬鈴薯，熬過飢餓，等待同伴來救援。十九世紀，幾百萬愛爾蘭人連馬鈴薯都沒得吃，紛紛等不到救援而死去，或是逃離家鄉。這齣人間悲劇，是由致病疫黴所引起的「晚疫病」（late blight）所造成。致病疫黴（又稱為馬鈴薯晚疫病菌）病原菌的起源可以被追溯到墨西哥中部的土魯卡山谷（Toluca Valley），在不合適的季節裡，它們會蟄伏，條件允許時甦醒肆虐，傳播速度非常快，有如鼠疫一般。

馬鈴薯與愛爾蘭

　　1500 年以前，馬鈴薯還未傳入歐洲，只見於中南美洲，被當地人當作主食。西班牙船員將馬鈴薯帶到歐洲，一開始只是出於好奇心種植在私人花園，就這樣過了兩世紀。馬鈴薯和顛茄一樣，屬於茄科的植物。顛茄全株有毒，會造成嘔吐、腹瀉還有皮膚過敏，所以當時的歐洲人對馬鈴薯興趣缺缺。1800 年之後，歐洲人發現了馬鈴薯塊莖是可食用的，也因為歐洲的種植環境與安第斯山脈很類似，馬鈴薯很快就適應了歐洲的天氣與土壤，並且變成了歐洲人的主食。愛爾蘭農民特別鍾愛馬鈴薯。

◆ 原生地（發現地）
墨西哥。

◆ 拉丁名稱原義
Phytophthora，新拉丁字（1876 年），相當於希臘字的 phyto– 與 –phthora 所組成，phyto– 是「植物」的意思，–phthora 是「毀滅，搞砸」的意思。*infestans* 是為拉丁字，infestāre 指的是「折磨，攻擊」。

◆ 應用
疾病。

愛爾蘭農民生活困苦，背負不合理的高額農田租金，如果農產歉收，一家生計就會陷入困境。種植馬鈴薯扭轉了他們的逆境，馬鈴薯不但收成很好，能給一家溫飽，也可以儲存，讓他們度過寒冬。

馬鈴薯促進城市化

◆

　　馬鈴薯的農業化栽培，根據考究，最早可追溯到大約西元前 8000 至 5000 年。美國威斯康辛大學的研究團隊，為了找尋馬鈴薯的起源，分析了三百五十種不同馬鈴薯中的遺傳標記，最終確認今天的秘魯南部所種植的馬鈴薯，就是世界各地馬鈴薯的起源地。之後，西班牙征服了印加帝國，馬鈴薯也因此在十六世紀後半被西班牙人帶回到歐洲，歐洲的探險者和殖民者，再將馬鈴薯帶到世界各地。十九世紀時，歐洲人口開始增加，當時的馬鈴薯已經是人們餐桌上的重要食物。據估計，在 1700 至 1900 年間，歐洲人口就因為馬鈴薯的引進，增長了 25%，同時也加快了歐洲地區人口集中與城市化的速度。

愛爾蘭獨立的鐘聲

　　1800 年初，晚疫病局部爆發，零星出現於農田，但人們不知道原因。到了 1843 年，晚疫病摧毀了大部分美國東部的馬鈴薯作物，而從巴爾的摩、費城和紐約市出發的船舶，可能將染病的馬鈴薯送進了歐洲港口。進到歐洲的晚疫病迅速蔓延，到了 1845 年 8 月，許多歐洲國家如比利時、荷蘭、法國北部和英格蘭南部已全部淪陷，成了疫區。

　　1845 年 9 月 13 日《園丁的記事和農業公報》（Gardener's Chronicle and Agricultural Gazette）宣布：「我們非常非常遺憾地必須宣布停止報導有關疫病的新聞，因為馬鈴薯晚疫病已經成功登陸愛爾蘭。」儘管如此，英國政府在接下來的幾週內一直對疫情保持樂觀，直到 10 月，作物被破壞的規模已發展到難以忽視的地步。

後來，柏克萊注意到染病的葉子上有菌絲，所以提出這種病是真菌所造成的，但是，當時的科學家認為不可能是真菌造成，一定是更屬害的侵入性病原，才能這麼大規模地感染馬鈴薯。直到人們證實柏克萊是正確的，馬鈴薯晚疫病已經在愛爾蘭扎根 *。那年，天氣異常涼爽潮濕，致病疫黴的泳動孢子更容易四處傳播。眼看飢荒無法避免，英國人考慮進口小麥、大麥和玉米等穀物救災。但是當時英國有穀物法，對進口穀物徵收高關稅，無法廉價出售給農民。1845年冬天，災難終於降臨。太早收成的馬鈴薯在儲藏室裡腐爛，農民只好將儲備當作來年種子的種薯也全部吃掉了。英國試圖進口低關稅的玉米，然而，愛爾蘭人拒絕吃玉米，因為他們認為玉米是用來餵雞的。1846年又是涼爽潮濕的天氣，致病疫黴的泳動孢子再次肆虐馬鈴薯田，這時穀物法已經被廢除，但為時已晚。1845至1860年間，一百五十萬人因飢餓死亡，一百萬人移居海外，愛爾蘭於十五年內損失了三分之一人口。

大饑荒是愛爾蘭歷史的分水嶺，致病疫黴永久性地改變島上的人口、政治和文化結構。對於還生活在愛爾蘭島上的愛爾蘭人和愛爾蘭僑民，大規模飢荒惡化了原本已經關係緊張的愛爾蘭人與英國皇室，成為愛爾蘭自治與愛爾蘭獨立運動的鐘聲。

*註：最新研究指出，這種病菌其實是一種真核微生物，屬於卵菌門，與真菌很相似，以前歸類在真菌界，現在發現其與真菌的親緣關係遙遠。不過，早期卵菌綱的生物是被歸在真菌界。

真菌的有性與無性生殖

◆

真菌的交配型主要由交配型基因控制，主要功能是進行有性生殖。有性生殖才能使遺傳物質重組，產生擁有與親代不同遺傳編碼的後代，在適應環境劇變上扮演重要的角色。如果是無性生殖，所有個體的基因體都相同（理論上），一旦遇到不利的環境，可能就會無法迅速地反應與適應，而導致全部死亡。致病疫黴都是同一個交配型，無法進行有性生殖，所以農業防治時，不易產生抗藥性，也因此成為後來疫情控制的關鍵。

第五部

迷幻嬉皮

Amanita muscaria　毒蠅傘

Amanita phalloides　毒鵝膏

Claviceps purpurea & Neotyphodium spp.　黑麥角菌與麥角菌

Psilocybe semilanceata　暗藍光蓋傘

Amanita muscaria

出場率最高

毒蠅傘
Amanita muscaria

通紅傘蓋與雪白菌柄形成強烈對比，傘蓋上還有雪白小點點綴——毒蠅傘的造型鮮明，常在圖像世界中作為「蘑菇」代表，例如任天堂電玩《超級瑪利歐兄弟》裡，吃了會變大的超級蘑菇、《藍色小精靈》（*The Smurfs*）中小精靈住的房子，也常出現在兒童繪本裡。雖然毒蠅傘具有致命毒性，但是在西伯利亞，還是被巫師以及維京人於宗教儀時使用，藉此產生幻覺與天神溝通，而在十三世紀的墨西哥，它也被用於通靈、預測未來。

無比燦爛的幻覺

　　毒蠅傘的英文俗名為「fly agaric」（蒼蠅傘菌）或是「fly amanita」（蒼蠅鵝膏），種名「muscaria」也是來自拉丁文的「musca」，與「fly」一樣是蒼蠅的意思。為何會取用「蒼蠅」作為名稱的一部分，有兩種說法：一種是，根據中古世紀的迷信，若蒼蠅鑽進人的頭裡，那人就會患上精神疾病；另一說是毒蠅傘曾被當成殺蟲劑使用，作法是搗碎後加在牛奶裡。毒蠅傘作為殺蟲劑的紀錄，可在 1256 年梅諾斯（Albertus Magnus）的《論植物》（*De vegetabilibus*）中找到，當時在德國、法國以及羅馬尼亞都有廣泛使用。1753年，生物學之父林奈在著作《植物種志》裡記載並描述了毒蠅傘。

◆ 原生地（發現地）
溫帶與寒帶地區，亞熱帶地區的高山。

◆ 拉丁名稱原義
Amanita 來自希臘字的amanitai，指的是「一種真菌」。
muscaria 一字來自拉丁字 musca，意思是「與蒼蠅有關的」。

◆ 應用
迷幻，具毒性。

傳說，波羅的海的立陶宛偏遠地區，會把毒蠅傘與伏特加一起烹調，是一道婚宴菜餚。立陶宛人還將毒蠅傘贈送給北歐與西伯利亞地區的薩米人（Saami），讓薩米人作為薩滿教儀式之用。儀式開始時，薩米人食用毒蠅傘，進入迷幻恍惚的境界，藉此與神靈溝通。西伯利亞東部的寇里亞克族（Koryaki），也流傳著一個關於毒蠅傘的故事。故事當中，神明「Vahiyinin」（字面意義為「存在」）將口水吐到土壤中，變成毒蠅傘，烏鴉得到毒蠅傘的力量後，便能夠以爪抓起大鯨魚。1736年，馮史托蘭伯（Philip von Strahlenberg）在《歐洲北部和東部與亞洲的歷史──地理描述》（*Historico-Geographical Description of the North and Eastern Parts of Europe and Asia*）中，寫到寇里亞克族人利用一種稱為「慢老頭」（俄語：mukhomor）的東西來「買醉」。這是有關西伯利亞薩滿教（Siberian shamanic）儀式使用致幻的毒蠅傘的已知最早文獻。

　　植物與真菌學家庫克（Mordecai Cubitt Cooke）的著作《睡眠的七個姊妹》（*The Seven Sisters of Sleep*）與《清晰易懂的英國真菌》（*A Plain and Easy Account of British Fungi*）中，都記載著吃下毒蠅傘中毒時的現象。故事中，「睡眠」有七個姐妹，分別成為「煙草」、「鴉片」、「大麻」、「檳榔」、「古柯鹼」、「曼陀羅花」與「毒蠅傘」。「睡眠」如此說道：「我的夢境大臣們會用他的技巧幫助妳們，擁有比我更強大的能力，讓任何我曾經拜訪過的凡人，視野變得空前華麗；幻覺變得無比燦爛。」

神經毒

◆

毒蠅傘具神經毒，主要成分是鵝膏蕈氨酸（ibotenic acid）、蠅蕈素（muscimol）與蛤蟆蕈氨酸（muscazone）。這些都是一群稱作為異惡唑延伸物（isoxazole derivatives）的自然化合物，能毒害神經系統。

藝術家和文學家的最愛

　　因為其獨特的外表，毒蠅傘從十四至十六世紀義大利文藝復興時期，就開始出現在繪畫作品中。十九世紀，在歐洲的另一端的英國，從維多利亞女王時代的繪畫創作中可

以發現，毒蠅傘經常和小仙子一起出現，這些畫作是受到莎士比亞的《仲夏夜之夢》（*A Midsummer Nights Dream*）所啟發。

其他近代與毒蠅傘相關的著名藝術創作還有 2008 年，瑪卡雷維奇（Igor Makarevich）與葉拉金娜（Elena Elagina）分別在倫敦與柏林的展覽《俄羅斯前衛蘑菇》（*Mushrooms of the Russian Avant-Garde*），藝術家以迷幻神奇蘑菇的形象，來隱喻瀰漫現代文化當中的非理性，就和瀰漫在古老文化中，神祕不可解釋的儀式一樣，令人目眩。展覽中最重要的作品就是名為《伏拉迪米爾・泰特林之塔》（*Vladimir Tatlin's tower*）的現代主義雕塑。這個「塔」由毒蠅傘造形雕塑的頂部長出，代表俄羅斯前衛思想的遠見與烏托邦本質。1917 年，泰特林之塔原本計劃要在聖彼得堡建造，然而計畫一直沒有實現，而這座雕塑，就是利用毒蠅傘的意象來諷刺泰特林之塔是虛幻之塔。

出現毒蠅傘的有名作品實在不勝枚舉，瑞典插畫家包爾（John Bauer）的《侏儒和巨魔》（*Among Gnomes and Trolls*）、俄羅斯畫家卡拉津（Nikolay Nikolaevich Karazin）的《雅加婆婆》（*Baba Yaga*），二十世紀烏克蘭最著名的平面設計師納布特（Heorhiy Narbut）為童話故事《蘑菇戰爭》（*The War of Mushrooms*）中畫的插畫……。

1973 年，品瓊（Thomas Ruggles Pynchon, Jr）在小說《萬有引力之虹》（*Gravity's Rainbow*）中，描寫毒蠅傘是一種「與毀滅天使毒菇相關」的蘑菇，還有採摘毒蠅傘來做餅乾的情節。1897 年，威爾斯（Herbert George Wells）的《紫色菌傘》（*the Purple Pileus*），中有一位怕老婆的庫姆斯（Coombes）先生，有一天決定要吃毒蠅傘自殺，結果吃了蘑菇之後，庫姆斯不但沒有死去，竟還受到鼓舞，感覺到力量。這個故事暗示了，毒蠅傘不僅會產生幻覺，還能讓男人重振雄風。

Amanita phalloides

歐洲歷史急轉彎

毒鵝膏
Amanita phalloides

毒鵝膏分布於歐洲，是種致命毒蕈，主要會破壞肝腎功能。由於毒鵝膏與某些可食用菇類，如橙蓋鵝膏（*Amanita caesarea*）、草菇（*Volvariella volvacea*）等外型很類似，因此常被誤食。歷史上，根據中毒的症狀與陰謀論，重要人物可能是死於毒鵝膏中毒的推測無獨有偶，例如羅馬皇帝克勞狄一世以及神聖羅馬帝國皇帝查理六世。

毀滅天使

　　毒鵝膏第一次被描述於 1727 年，由法國的植物學家瓦揚（Sebastian Vaillant）寫道：「陰莖狀的菇，一年出現一次，金黃帶點綠色，菌傘能張開」（Fungus phalloides, annulatus, sordide virescens, et patulus）。1803 年，珀森（Christiaan Hendrik Persoon）將之命名為「萌芽鵝膏」（*Amanita viridis*），歷經幾次名稱轉變，最後於 1833 年由林克（Johann Heinrich Friedrich Link）決定命名為「毒鵝膏」。

　　毒鵝膏也被稱作「毀滅天使」（destroying angel），但「死帽蕈」（death cap）是英文中最常用的俗名，由英國醫生布朗（Thomas Browne）以及梅雷特（Christopher Merrett）所提出。

◆ 原生地（發現地）
溫帶與寒帶地區。

◆ 拉丁名稱原義
Amanita 來自希臘字 amanitai，指的是「一種真菌」。
phalloides，phallo 來自拉丁字 Phallus，意思就是「男性生殖器」，或是希臘字 faloo，意思是「我發芽、生長、膨大」。ides 來自 eîdos，意思是「形狀，樣子」；phalloides 的字意就是來自男性生殖器的形狀，當菌傘還未張開時的階段。

◆ 應用
迷幻，具毒性。

「毀滅天使」指的是鱗柄白鵝膏（*Amanita virosa*），也可以指稱雙孢鵝膏（*Amanita bisporigera*），因為其外表雪白，容易與洋菇混淆，所以誤食的事件頻傳，這種鵝膏就如同其俗名一般，美麗卻又致命。

尼祿崛起

　　克勞狄一世非常喜歡吃橙蓋鵝膏（又名為凱撒蘑菇），所以許多人臆測，他是誤食（或被他人預謀）了外型相像的毒鵝膏而死。克勞狄一世是羅馬帝國尤里歐－克勞狄王朝（Julio–Claudian Dynasty）的第四任皇帝，西元 41 至 54 年在位。西元 41 年，前一任皇帝（羅馬帝國的第三任皇帝）遭到刺殺後，近衛軍擁立克勞狄，並受到元老院的承認而繼位為羅馬皇帝。他在位時極力修補前一位皇帝與元老議員之間破裂的關係，下放中央政治權力至地方行省，造就了羅馬帝國初期政治的中央集權統治和平轉移。

　　西元 54 年 10 月，克勞狄一世在一場家庭晚宴中因食物中毒而死。當時，人們普遍懷疑是他的繼子尼祿（Nero Claudius Caesar Augustus Germanicus）之母阿格里庇娜（Agrippina）所下的毒。克勞狄一世死後，年僅十七歲的尼祿當上了羅馬帝國皇帝，阿格里庇娜則「垂簾聽政」，處處限制、使喚尼祿，最後忍無可忍的尼祿將阿格里庇娜殺死，之後便像脫韁野馬恣肆縱慾。

　　若不是因為這顆毒鵝膏，羅馬帝國的歷史或許會完全改寫。

奧地利王位繼承戰爭

　　神聖羅馬帝國皇帝查理六世有一天食用了一盤炒蘑菇後，出現消化不良的症狀，十天後就過世了，過程與毒鵝膏的中毒症狀相符。查理六世的猝世，引發奧地利的王位繼承戰爭。

　　查理六世於 1711 至 1740 年在位期間，政治手腕木訥平庸，缺乏人才與治術，國力持續下跌。但是，他培育了天資英敏的偉大女王特蕾西亞（Maria Theresa）為繼承人，甚至為了獲得列強批准女性繼承奧地利，犧牲許多重要利益。不過，查理六世死後，以法國、普魯士、巴伐利亞為首的國家立刻不認帳，奧地利王位繼承戰爭於是爆發。然而，最終勝利女神站在特蕾西亞這一邊，特蕾西亞在戰爭中拯救了國家，被封為奧地利國母。雖然特蕾西亞努力保住后冠，另一方面卻也因為多方戰事，無暇顧全，礦產資源豐富的西里西亞公國（Duchy of Silesia）被普魯士奪走；帕爾馬公國（Duchy of Parma）給了西班牙。統治的版圖因而改變。

Ce plat de champignons changea la destinée de l'Europe.

「歐洲的命運被一盤蘑菇改變了。」

伏爾泰（Voltaire），《回憶錄》（*Mémoires*）

Clavicps purpurea

巫師的黑暗咒語

黑麥角菌與麥角菌
Claviceps purpurea & Neotyphodium sp.

麥角（ergot）是穀類作物如小麥被真菌感染後所形成的黑色麥角菌硬粒，含有複合生物鹼，食用後會出現循環與神經傳導的問題。麥角中毒（ergotism）可引起一系列令人痛苦的副作用。開始於相對溫和的感覺，如頭痛、全身發燙以及皮膚瘙癢，之後會痙攣、抽搐、意識障礙、出現幻覺和精神病症。更嚴重的情況下，身體組織會出現物理性副作用，例如失去末梢神經感覺能力、全身腫脹、出現水泡、乾性壞疽，最後甚至會死亡。今日，歷史學家猜測過去的一些奇怪事件，可能都是因為人們誤食黑麥角菌導致中毒所引起的幻覺，中毒症狀也可能引發狼人、女巫的傳說與煉獄景象。

詛咒、中邪，還是天啟？

　　西元 944 年，法國的中南部發生了「火疫病」（fire plague），得病後會因為身體循環降低導致四肢末端壞疽、木乃伊化。由病徵的描述以及感染途徑與規模，幾乎可以斷定是「麥角病」所引起。之後的六百年間，隨著戰爭或饑荒，這種病在歐洲發生了無數次，尤以法國最為嚴重，史料裡充斥著四肢脫落而死，生肉腐爛發出惡臭，或整個村莊居民同時中毒等駭人聽聞的記載。

黑麥角菌
◆ 原生地（發現地）
世界各地都有發現，但是主要在歐洲與非洲。

◆ 拉丁名稱原義
Claviceps，Clavi 來自拉丁文的 clava 是「club」，「棒狀構造」的意思。
–*ceps* 則是由字根 –headed 指的是「頭」，由其外形而來。
purpurea，紫色。

◆ 應用
迷幻、疾病與醫療藥用。

在十七世紀以前，麥角中毒的流行往往被視為是上帝為了懲罰人類，用聖火燒掉受罰者的四肢。麥角病至今仍有「聖安東尼之火」（St Anthony's fire）之別名。

舞蹈狂（Dancing mania）又有舞蹈疫（dancing plague）、聖約翰的舞蹈（St John's Dance）、聖維圖斯的舞蹈（St. Vitus' Dance）等別名，是一種於十四至十七世紀之間，主要發生在中歐的群眾現象。發生時，通常是一群人開始不正常的舞蹈，有時多達上千人，無論男女老幼，所有人日夜舞蹈直到筋疲力竭而倒下。中毒事件往往出現在洪水或是多雨的生長季節，而潮濕的季節適合麥角菌生長，根據種種線索推論下來，麥角中毒引起的幻覺和抽搐是最可能的解釋。

舞蹈狂事件最早的記錄出現在 1020 年代，德國貝恩堡（Bernburg）有十八個農夫忽然圍著教堂唱歌跳舞。1237 年，一大群小孩從愛爾福特（Erfurt）步行到阿恩斯塔特（Arnstadt），全長約二十公里，一路上不間斷的又是跳躍又是跳舞，就和童話故事《吹笛人》（*Pied Piper of Hamelin*）的描寫不謀而合。1278 年，在德國莫茲河（River Meuse），約莫二百人在莫茲河的橋上跳舞，跳到所有人都倒下為止。大規模流行發生在 1373 至 1374 年之間，橫掃英國、德國、荷蘭、比利時、法國、義大利與盧森堡。之後陸陸續續在歐洲各地發生，直到十七世紀，舞蹈狂就突然消失了。

十二世紀至十六世紀，歐洲盛行「審判女巫」。許多發生群眾集體追捕與審判女巫的地區，都是以極度容易感染麥角菌的黑麥為主食，而「被詛咒」的症狀，也與麥角中毒一致。因此，雖然沒有直接的歷史考究，間接證據已足以解釋，人們歇斯底里追殺女巫，其實是吃了黑麥角菌而中毒的緣故。

1730 至 1740 年代，新英格蘭的殖民地發生了「第一次大覺醒」事件，當時人們認定集體接收到神的旨意，過程中，不少人看見了異象，並解釋成神傳來訊息。然而，根據描述，這應該又是另一次的集體麥角中毒事件。

麥角的醫藥用途

　　自人類開始農耕，麥角菌就悄悄跟隨。根據記載推測，黑瘟疫疾病流行發生的原因，也因為人們長期食用被麥角生物鹼等毒素汙染的麵包所致。直到 1765 年，天梭（Simon-Andre Tissot）提出麥角中毒的罪魁禍首是麥角菌，自此，人們才漸漸了解這種致病真菌。

　　麥角最早在十六世紀末，有被當作草藥使用的紀錄。歐洲助產士用黑麥角菌核來加速分娩，產婦食用後，可以縮短分娩的時間數小時。十九世紀的美國醫生斯登醫師（Dr. John Stearns）也提出了麥角的催產性質。許多麥角生物鹼或其衍生物也已被作為藥物使用——酒石酸麥角胺為中樞神經系統用藥，是一種解熱鎮痛劑，可緩解偏頭痛；溴隱亭，麥角靈的衍生物，可以抑制激素的過量分泌，用於治療肢端肥大症和高催乳素血症。溴隱亭也可治療帕金森氏症，作用就和多巴胺一樣，能直接作用於腦細胞，因而改善帕金森的症狀。

　　「愛睏草」（Achnatherum robustum）裡的麥角菌內生菌，可以幫助睡眠。北美和中美洲印第安人會使用愛睏草來當作安眠藥和睡眠誘導劑。真正使用愛睏草的歷史可能更久遠，來自早期的馬雅文化，由西元前約 2500 年的馬雅帝國一路傳承下來，直到現今的中美洲。

迷幻 LSD

◆

霍夫曼（Albert Hofmann）在瑞士山德士藥廠中，負責研發娛樂性藥物，他的開發對象正是麥角鹼。1943 年 4 月的某一天，霍夫曼在實驗室裡頭昏眼花，懷疑是某種物質透過皮膚被吸收，進而發現了 LSD25。LSD 是「麥角二乙醯胺」（德文：lysergsäure-diäthylamid）的簡稱，為一種強烈的半人工致幻劑。經過一系列實驗之後，LSD 很快就傳遍世界各地，開啟了「迷幻時代」。

麥角菌
◆ 原生地（發現地）
世界各地都有發現。

◆ 拉丁名稱原義
Neotyphodium，Neo 是「新」的意思。typhodium 是由拉丁字 typhous 而來，意思是「蒸氣」。到了希臘字變成 týphos 意思是「發燒」或是 túphō 也就是「發煙」的意思。到了原始印歐語系，變成「dhubh–」意思是「跟灰塵一樣散開」。

◆ 應用
迷幻、疾病與醫療藥用。

Psilocybe semilanceata

與神明共舞

暗藍光蓋傘
Psilocybe semilanceata

暗藍光蓋傘（又名暗藍裸蓋菇）又被稱為「迷幻菇」（psychedelic mushrooms）或「神奇菇」（magic mushrooms），然而，迷幻菇其實是那些可以引起迷幻效果的菇類統稱。歷史上，它主要被用作宗教致幻劑（entheogen）和娛樂性藥物，可能產生陶醉感、改變思維過程、封閉式和開放式的視覺效果、時間和精神體驗的改變，以及聯覺（synesthesia）——一種兩個或以上知覺（視覺、聽覺、嗅覺、觸覺等）結合起來的神經現象。

穿越文明的暗藍光蓋傘

西元前 100 至 800 年，由秘魯莫切文化（Peruvian Moche）出土的陶瓷作品中，有個人類頭部造型的容器，其帽子裡長出一朵非常寫實的暗藍光蓋傘，掛在他的前額中間。同樣的暗藍光蓋傘圖案，也出現在其他莫切人陶瓷作品中。

有個出土於西墨西哥的納亞里特州（Nayarit）的小陶瓷物件，造型是一個人坐在暗藍光蓋傘上，另外，在韋拉克魯斯地區（Veracruz）的騰內特潘（Tenenexpan）也發現一件西元 300 年的文物，是一個大得不成比例的菇類，矗立在一個表情嚴肅的人身旁，那人左手摸著菇，右手指向天空，彷彿在祈禱。在西墨西哥科利馬州（Colima）的古代墓室中，有一座約西元 200 年的雕像，很清楚的雕出墨西哥裸

◆ 原生地（發現地）
溫帶地區以及熱帶與亞熱帶幾千公尺高山上。

◆ 拉丁名稱原義
Psilocybe 來自古希臘字 psilos，指的是「平滑」的意思，再加上 cybe 指的是「頭」，所以這個字的意思就是「滑頭」。*semilanceata*，semi 是「半」的意思。*lanceata* 來自拉丁文 lancea，演變成古法文的 lance，然後變成中世紀英文的 launce，意思是「槍矛」。

◆ 應用
迷幻，具毒性。

蓋菇（*Psilocybe mexicana*）。墨西哥裸蓋菇被阿茲特克人稱作「神菇」（納瓦特爾語：teonanácatl）。據說，在阿茲特克統治者莫克特祖馬二世（Moctezuma II）的加冕儀式（1502 年）上就有使用神菇。

據記載，美洲在被哥倫布發現之前，美索亞美利加（Mesoamérica）人使用迷幻菇於宗教交流、占卜和治療。西班牙人占領之後，認為阿茲特克人透過迷幻菇與魔鬼溝通，所以天主教傳教士便開始宣傳、禁止並鎮壓阿茲特克人使用致幻植物和蘑菇的傳統，極力宣傳天主教，以聖餐來取代神菇。不過，在一些偏遠地區，使用神菇的傳統仍保存下來。最早對人類食用迷幻菇的文獻描述，見於 1799 年在英國倫敦出版的《倫敦醫藥暨生理期刊》（*London Medical and Physical Journal*），其中描述了一個不小心在倫敦綠園（Green Park）採食暗藍光蓋傘的人所出現的症狀。

食用迷幻菇後，人會產生不同幻覺，並出現異常行為，在原始宗教的儀式和活動中，從事預言、占卜、治療等活動的宗教職能者（巫師、祭師或法師）常常食用它們，以期在神志不清的精神狀態下與神靈交流。直到 1970 年代初，愈來愈多迷幻蘑菇品種開始被發現，在溫帶北美、歐洲和亞洲都有。並出現大量教導如何養殖魔幻菇的書籍。野生採集加上人工栽培的迷幻菇，是當時最被廣泛使用的迷幻藥物之一。

神奇菇

◆

具迷幻效果的菇非常多種，包含灰斑褶菇屬（*Copelandia*）、盔孢傘屬（*Galerina*）、裸傘屬（*Gymnopilus*）、絲蓋傘屬（*Inocybe*）、小菇屬（*Mycena*）、斑褶菇屬（*Panaeolus*，又名花褶傘屬）、光柄菇屬（*Pluteus*）及裸蓋菇屬（*Psilocybe*）。其中，光是裸蓋菇屬就有超過一百種，它們含有裸蓋菇素（Psilocybin）及二甲 -4- 羥色胺（Psilocin）兩種會導致迷幻效果的物質，也都具毒性。

沃森奇遇記

前摩根大通公司（J.P. Morgan & Co.）副總裁沃森（Robert Gordon Wasson）是歷史上第一位「民族真菌學者」（ethnomycology）。1927 年，沃森和新婚妻子去蜜

月旅行時，在卡茨基爾山脈（Catskill Mountains）中發現了一種食用菇類。沃森的妻子歌肯（Valentina Pavlovna Guercken）是名俄羅斯小兒科醫生，她被這種菇點燃興致，最後與沃森共同寫下《蘑菇、俄國和歷史》（*Mushrooms, Russia and History*），並於 1957 年發表，被法國人類學家李維史陀（Claude Lévi-Strauss）讚其開闢了嶄新領域，即「民族真菌學」。

在《蘑菇、俄國和歷史》中，沃森記載了他和同伴於 1955 年 6 月底在馬薩特克人的夜間儀式上食用了致幻蘑菇後的神奇反應：「他看到了幾何形狀的彩色圖案，接著變成建築形狀，然後是彩色柱廊、鑲嵌珍貴珠寶的宮殿、由神話動物拉著的凱旋車輛，以及難以置信的華麗圖景；精神脫離身軀，翱翔在幻想的王國中，超越世俗世界，存在於含義深刻的形象之中。」

1953 年，沃森與舒爾特斯（Richard Evans Schultes）博士前往墨西哥瓦哈卡（Huautla de Jiménez）進行考察。沃森說服了瓦哈卡的馬薩特克（Mazatec）女民俗醫師薩賓娜（María Sabina）讓他參與治療儀式。薩賓娜同意沃森拍照，不過，再三告誡他不能公開照片，但沃森仍在 1957 年 5 月於《生活雜誌》（*Life*）上發表了這趟奇遇，題目為〈尋找神奇蘑菇〉（*Seeking the Magic Mushroom*）。這篇文章使迷幻菇的存在與知識，首次在廣大觀眾面前揭示，引起了美國披頭和嬉皮對馬薩特克儀式的興趣，同時也造成了馬薩特克的災難。想要體驗魔幻菇的西方人湧入馬薩特克社區，而薩賓娜被墨西哥警方盯上，認為她有販毒的嫌疑。最終，馬薩特克傳統儀式受到被禁止的威脅，而馬薩特克社區為此指責薩賓娜，將她的房子燒毀，並逐出社區。

1983 年，沃森將民族真菌學的收藏品共四千餘件捐給了哈佛大學植物學博物館，建立了世界上唯一的民族真菌學圖書館。

二級毒品

◆

迷幻菇被在 1971 年被「精神藥物的協定」（Convention on Psychotropic Substances）規範並被聯合國歸類為第一類毒品。不過，1990 年代，還是有許多人為了體驗魔幻菇，甚至遠赴墨西哥，也有人開始栽種販賣魔幻菇。隨後，各國紛紛立法禁止，臺灣於 1998 年 5 月 20 日公布施行毒品危害防制條例時，將迷幻菇列為第二級毒品管制。

後記與附錄

後記

真菌告訴我們的事

真菌一直在我們的生活中，看似微不足道卻扮演著關鍵角色。當我們嚐到醬油，會想到大豆；吃下一塊巧克力，想到可可豆；喝下一口美味清酒，想到稻米……。然而，很少人會想到這一切的幕後推手，其實是真菌。反之，當農民咒罵讓稻米枯死的稻熱病，人們會想到真菌；看到枯萎的玉米田，想到真菌……，卻很少人想到集約農業與環境變遷導致了災難——真菌只是要活下去而已，當自然或是人類提供了災難之門，真菌就會義不容辭的穿過，當自然或是人類提供了富饒之門，真菌也會不吝盡己之力提供豐饒之物。真菌教導我們，應當尊重大自然，尊重就會帶來愛護與關心。

謹將這一本書獻給為真菌研究打拚的研究人員、喜歡真菌的人們、喜歡科學新知的大眾以及喜歡閱讀科普的讀者們。據估計，真菌的種類可能有超過一百萬種，本書的遺珠不勝枚舉，最後再和讀者分享一些有趣的真菌小知識，聊表心意。

發光類臍菇（*Omphalotus olearius*）

一種會發光的菇，又被稱為「傑克的燈籠」（jack-o'-lantern）。這種蘑菇非常美味，但食用後會導致嚴重痙攣、嘔吐和腹瀉。不過，因為它的香氣與口感出眾，竟有人不顧中毒風險，願意再嚐一次。

嗜輻射真菌

1991年，車諾比核電廠事件發生之後，核電廠周圍出現了三種含黑色素的真菌，分別是球孢枝孢菌（*Cladosporium sphaerospermum*）、望角癬菌（*Wangiella dermatitidis*）和新型隱球菌（*Cryptococcus neoformans*）。它們的生長不受輻射影響，且能將輻射大量累積在細胞內，利用黑色素將 γ 輻射轉化為能用於生長的化學物質，但至今機制不明。

太空真菌

南極低溫黴（*Cryomyces antarcticus*）與謎樣低溫黴（*Cryomyces minteri*）屬於黑色真菌或黑色酵母，可以承受各式各樣的環境壓力。南極低溫黴生活在南極岩石中，能憑一己之力在岩石內侵蝕出一個足以安身立命的空間，躲開極端氣候以及熾熱的紫外線與輻射。極地氣候和火星環境類似，也許真菌會是未來人類移民火星的希望。2008 年，人們把麴菌送上太空，並於 2009 年 9 月 12 日返回地球。這些真菌先鋒們被放置在盡可能與火星氣候相似的氣體浴中，並暴露於模擬的火星紫外線輻射，還忍受了 –21°C 和 42°C 之間的溫度波動以及宇宙背景輻射。

真菌發電

生物發電其實不是新聞，很多微生物都有發電的能力，當然，真菌也不例外。例如雲芝（*Coriolus versicolor*）與解脂耶氏酵母（*Yarrowia lipolytica*）在飢餓的狀況下，就能進行生物催化產生電能。

真菌建材與包材

隨著環保意識抬頭，已有業者利用真菌和木屑做出環境可分解的包材。他們把真菌（通常為可食用菌）在特定形狀的太空包內培養，待菌絲長滿後，太空包會變硬，就能拿來作包材，使用後，可以直接丟進花園，它便會自行分解。

真菌燃料

真菌柴油是一個新名詞，是一種具有成為燃料潛力的揮發性有機產品。一些植物內生菌如炭團菌屬（*Hypoxylon*）或多節孢屬（*Nodulosporium*）的真菌，其二次代謝物桉葉油醇（cineole）結合其他環己烷（在石油原油和火山氣體中發現的無色易燃液體）與化合物之後，很有機會能發展成為新型燃料。

真菌清道夫

真菌會分泌很多種酶，例如木質素分解酶與漆氧化酶等。利用這些酶的力量，也許能夠分解水中的毒素，應用在汙水處理廠。木質素分解酶可以分解有機廢棄物，漆氧化酶可以分解碳氫化合物等有機毒物，只留下水和二氧化碳，還可以改變有毒物質的化學鍵，將有毒物質轉化為危險性較低的有機化合物，然後更容易被其他細菌分解。真菌和細菌共同合作，一定會成為未來的環保巨星。

分解塑膠

小孢擬盤多毛孢（*Pestalotiopsis microspora*）有降解聚合物聚酯聚氨酯（PUR）的能力，也就是能夠分解塑膠。在有氧以及無氧的狀況之下，小孢擬盤多毛孢都能夠將塑膠當作唯一的碳源繼續生長著，也許哪一天，我們能利用真菌來解決「塑膠」這個人類製造出來的大麻煩。

樹的網際網路

地球上 90% 的陸地植物都有真菌依附或是
互利共生。十九世紀的德國生物學家法蘭
克（Albert Bernard Frank）首先提出「菌
根」來描述真菌與植物根系的關係。植物
為真菌提供碳水化合物形式的養分，作為
交換，真菌幫助植物吸收水分，並通過其
菌絲體提供磷和氮等營養物質。植物會藉
著真菌的菌絲互相溝通以及交換資訊，甚
至互相幫忙傳輸養分。因此，有人說真菌
是自然界的網際網路。

真菌纖維

很多長在樹上的多年生真菌都可以用來造
紙。如雲芝、靈芝屬以及擬層孔菌屬。這
些堅硬、木質的樹生真菌具有良好的纖維，
可以做出強韌的紙張，堅固耐用且能夠染
色以及讓油墨附著，甚至可以拿來做帽子。

真菌 Q&A

常見於居家環境的真菌有哪些？

真菌（或通稱為黴菌）幾乎可以生長在任何東西上面，只要是溫暖又潮濕的地方，就很容易孳生黴菌。臺灣地處熱帶與亞熱帶之間，四面環海，雨量充足濕氣重，是黴菌生長的最佳環境。所以，一般我們的建材與家具都會添加殺菌劑，否則家具與牆壁就會被真菌破壞殆盡，例如在潮濕房間牆壁上常出現紙黴枝孢（*Ulocladium chartarum*）。因此，如果從未在家具上發現黴菌蹤跡，有可能是居家環境很乾淨，也有可能是家具添加了殺菌劑，黴菌都被毒死，無法生長——也就是家具很毒的意思。

黴菌會讓食物腐敗，或是長在家具、衣物、皮鞋、皮包、浴室內（矽膠上常見的黴菌種類為球孢枝孢）以及牆壁上，吸入太多黴菌對人體健康有害。居家最常見的應該是屬青黴菌（*Penicillium spp.*）。青黴菌約有一百五十多種，可以產生抗生素青黴素（或稱盤尼西林），是二戰時用於受傷士兵身上的重要藥物。但是，青黴菌也造成農產品或建材分解腐敗，且會釋放孢子造成過敏，危害人體健康。麵包，尤其是吐司上的黴菌大多屬於枝孢菌屬（*Cladosporium spp.*）、麴黴屬（*Aspergillus*

spp.）、青黴菌屬、鬚黴黴屬（*Phycomyces spp.*）或是匍莖根黴菌（*Rhizopus spp.*）。如果買來的吐司好像很不容易發黴，那是因為加了防腐劑。

黑黴菌（或匍莖根黴菌）也是居家內外常見的黴菌。黑黴菌會引起過敏反應，更嚴重的是，如果其分生孢子侵入腦神經系統，就會導致分生孢子菌症的疾病。這種黴菌也被認為是「大廈綜合症」（Sick Building Syndrome）的可能病因，大樓的中央空調讓真菌更容易傳播。免疫力較弱的孩童，如果長期暴露在含有大量黑黴菌孢子的環境中，就會導致肺出血，並且引起呼吸系統的疾病。如果孢子濃度高，還有可能會造成腦神經嚴重損傷。

麴黴菌和青黴菌一樣，也會產生大量的分生孢子，這些孢子會隨著氣流四處飄散，如果掉落在適合生長的有機物上，例如穀物或是飼料上，再加上適合的溫濕度，就會開始萌芽生長，生長的過程會伴隨產生有毒的黃麴毒素。另外，還有腐黴菌（金黃擔子菌屬，*Aureobasidium spp.*），也很常在住家的牆壁上出現，如果家中牆壁黏貼的是壁紙，就可以看到明顯的紫紅色黴菌斑點。腐黴菌也會造成食物腐敗（麵包或是米飯等），若不慎食用，會引起食物中毒。

木黴菌也是環境常見的真菌，存在於土壤裡，不過其分生孢子會飄散在空氣中，在加上溫暖潮濕的氣候（通常是多雨的季節），就會出現在木質建材或家具上。其菌落的外觀為綠色，因為會產生大量的纖維分解酵素，讓紙張與木材變質脆化，因此造成木質家具與建材使用年限縮短。大量的木黴菌分生孢子，亦會引起某些人的過敏反應。

其他居家常見的真菌，還有長在草莓上，造成葡萄灰黴病的灰黴菌，以及讓蘋果腐敗的果腐病菌，與長在紙板或是木板裝潢上的紙板葡萄穗黴（*Stachybotrys chartarum*）。

黴菌除了會引發食物中毒與過敏之外，還會造成其他疾病危害。像是「癬」，常發生在皮膚的表面、指甲內、頭皮甚至生殖器等部位，主要是由皮癬菌（*Epidermophyton floccosum*）、皮屑芽苞菌（*Pityrosporum sporumovale*）或是念珠菌（*Candida spp.*）等引起。因為氣候的關係，「癬」在臺灣是很常見的皮膚疾病之一。另外，根據統計，超過 90% 的慢性鼻竇炎患者對黴菌有過敏反應。黴菌的孢子因為體積微小，藉由空氣傳播，四處飄散，很容易隨著我們的鼻腔進入呼吸道，並一路到達肺部停留。流行病調查也發現，有大約 10% 的過敏性氣喘患者，其氣喘症狀是來自於黴菌過敏。

食物發黴還能吃嗎？

食物一旦發黴就不能吃了，即使將表面的黴斑移去，黴菌的菌絲也早已經深入食物內部，而黴菌所產生的毒素在生長時，也已經釋放到食物中了，有些毒素就算加熱也難以破壞。正確的作法是，只要懷疑食物發黴，就毫不猶豫的丟棄，因為我們的身體經不起黴菌毒害。還有，過期的花生即使外觀看起還沒事，也要丟棄，因為花生最容易有黃麴毒素殘留。

乳酪發黴還能吃嗎？

一般的乳酪發黴後就建議丟棄，因為一般的乳酪是用乳酸菌做的，不會長棉絮狀的毛（菌絲）。如果是白黴乳酪或是藍黴乳酪，因為是由青黴菌（絲狀真菌）所製成，而且在熟成過程，該菌已經變成了優勢菌種，理論上再長毛（菌絲）應該就是原來的青黴菌。

發黴的物品怎麼處裡？

對人體最無害也是最安全的方式，就是用 75% 的酒精來擦拭。浴室裡的黴，可以用稀釋的漂白水去除。

如何防止黴菌生長？

欲防止黴菌生長，最重要的就是控制溫濕度。乾燥低溫（低於21℃）的地方，不利黴菌生長。在多雨的季節裡，利用除濕機或是開冷氣來降低室內濕度，高溫的季節裡，讓容易發黴的物品晒晒太陽，利用自然的紫外線與高溫來殺菌。雖然也可以用化學的方式來殺黴菌，不過這些化學品既然殺得了黴菌，就代表對人體的健康同樣不利。

我家旁邊空地長了一朵菇，可以吃嗎？

三個字：不能吃。野菇不是野菜，許多都具毒性，運氣好，拉拉肚子，運氣不好可能就得進醫院。另外，菇類對環境相當敏感，生長的地方如果水或空氣不乾淨，菇會累積這些有毒物質。所以就算在大馬路旁長出美味的牛肝菌（雖然發生的機率很低），它應該也累積了不少汽機車排放的廢氣與重金屬，絕對吃不得。

子實體好還是菌絲體好？

坊間常見的菇類健康食品，有「菌絲體」和「子實體」之分，一般消費者可能不太能分辨其差異。菌絲體是菇的「無性世代」或是「營養世代」，子實體則是菇的「有性世代」，市場買到的菇，例如香菇和洋菇等都是子實體。「有性世代」與「無性世代」兩者的代謝途徑迥異，所以產生的二次代謝物也不同。有些菇因為產生子實體需要很長時間，或是沒辦法以人工方式誘發子實體產生，所以一些廠商就會以菌絲體來代替，例如冬蟲夏草或牛樟芝。菌絲體是利用發酵槽以培養液大量生產，生產成本較子實體低廉許多，還可透過調整培養液的成分來改變菌絲體的成分。孰好孰壞，實見仁見智。筆者認為，如有美味、營養又口感極佳的「子實體」（菇）可以食用，又何必選擇包成膠囊的「菌絲體」？

我可以在家種香菇嗎？

理論上可以，不過實際操作起來有困難。種香菇不像種花草樹木——澆水、施肥以及晒太陽就能成功。種香菇首先必須要有殺菌設備，例如壓力鍋，還要調配菇需要的生長基質，不同菇的生長所需不盡相同。操作時，必須在盡量無菌的地方，因為空氣中有太多懸浮的孢子，生長基質很容易被汙染。再來就是要取得菌種。菌種可以自己分離（對一般人來說，難度太高）或是購買，然後就是接種，還需要有涼爽的地方以供生長，走菌與出菇時的照顧更不可馬虎。總歸一句，去買別人（養菇場）準備好的太空包，是最省錢省時又方便有效的方式，能輕輕鬆鬆滿足當城市菇農的心願。

參考資料與延伸閱讀

呼風 Roper M, Seminara A, Bandi MM, Cobb A, Dillard HR, Pringle A. 2010. Dispersal of fungal spores on a cooperatively generated wind. PNAS https://doi.org/10.1073/pnas.1003577107

發現微生物 Gest H. 2004. The discovery of microorganisms by Robert Hooke and Antoni Van Leeuwenhoek, fellows of the Royal Society. Notes Rec R Soc Lond. 58(2):187-201.

希臘故事 Plage DL. Further Greek Epigrams. Cambridge: Cambridge University Press, 1981, p. 129.

歐裡庇德斯菇類中毒事件 Ainsworth GC. Introduction to the History of Mycology. Cambridge: Cambridge University Press, 1976, p. 183.

魚子醬，松露，鵝肝 Alford K. Caviar, Truffles, and Foie Gras: Recipes for Divine Indulgence. Chronicle Books, 2001.

松露歷史 The brief history of truffle. https://www.tartuflanghe.com/en/truffle/truffle-history/

筊白筍 Water bomboo. http://www.iucngisd.org/gisd/species.php?sc=866

筊白筍。Miller PN, Louis F (editors). Antiquarianism and Intellectual Life in Europe and China, 1500-1800. Michigan publishing, University of Michigan Press, 2012, p. 252.

冬蟲夏草藥用功能。Jiraungkoorskul K, Jiraungkoorskul W. 2016. Review of Naturopathy of Medical Mushroom, Ophiocordyceps Sinensis, in Sexual Dysfunction, Pharmacogn Rev. 10(19): 1-5.

喜馬拉雅威而鋼與價格。Qiu J. 2013. Overharvesting leaves 'Himalayan Viagra' fungus feeling short. Nature. doi:10.1038/nature.2013.12308 (Himalayan viagra and price).

冬蟲夏草價格。Cordyceps sinensis price (2018) https://kknews.cc/zh-tw/news/4e9xqjx.html

冬蟲夏草。The emperor's mighty brother. The Economist. 2015. https://www.economist.com/christmas-specials/2015/12/19/the-emperors-mighty-brother

冬蟲夏草古文紀載。Lu D. 2017. Transnational Travels of the Caterpillar Fungus, 1700-1949. Doctoral thesis, University College London.

瑤草。Yuan Y, Wang Y J, Sun G P, et al. 2018. Archaeological evidence suggests earlier use of Ganoderma in Neolithic China (in Chinese). Chin Sci Bull, 63: 1180–1188, doi: 10.1360/N972018-00188.

輝瑞藥廠專利。Berovic M, Legisa M. 2007. Citric acid production. Biotechnology Annual Review. 3, 303-343.

漢遜氏德巴利酵母菌。https://genome.jgi.doe.gov/Debha1/Debha1.home.html

國立自然科學博物館，自然與人文博物館，數位典藏 digimuse.nmns.edu.tw/da

國家教育研究院 terms.naer.edu.tw

臺灣農作物有害生物害蟲天敵查詢系統 210.69.150.201/InsectTest/index.asp

古怪管狀真菌 sciencealert.com

奧氏蜜環菌 bbc.com

蛙壺菌 www.amphibianark.org

古董原始傘菌與萊格特古老小皮傘 Hibbett, D.S., Grimaldi, D., Donoghue, M.J. 1997. *Fossil mushrooms from Miocene and Cretaceous amber and the evolution of homobasidiomycetes*. American Journal of Botany 84, 981–991.

洋菇起源於歐洲 Spencer, D.M. 1985. *The mushroom–its history and importance*. In Flegg PB，Spencer, D.M, Wood, D.A. *The Biology and Technology of the Cultivated Mushroom*. New York: John Wiley and Sons. pp. 1–8.

洋菇 Genders, R. 1969. *Mushroom Growing for Everyone*. London: Faber.

死帽蕈 abc.net.au

日本國菌 一島英治 . 日本の國菌コウジキン . 日本 造協會誌 . 2004, 99 (2): 83.

米麴菌 一島英治 . 麴菌は國菌である . 日本 造協會誌 . 2006, 101 (10): 798–799.

米麴菌 Shurtleff and Aoyagi. 2012. *The History of Koji*. Soyinfo Center, CA, USA

魯氏接合酵母 van der Sluis, C. et al. 2001. *Enhancing and accelerating flavour formation by salt-tolerant yeasts in Japanese soy-sauce processes*. Trends in Food Science & Technology 12, 322–327.

魯氏接合酵母 Hauck, T., Brühlmann, F., Schwab, W. 2003. Formation of 4-Hydroxy-2,5-Dimethyl-3[2H]-Furanone by Zygosaccharomyces rouxii: Identification of an Intermediate, Appliedand Environmental Microbiology 69:7 (2003), pp.3911–18.

酵母餘發酵食物之應用 Aidoo, K.E., Nout, M.J., Sarkar, P.K. 2006. *Occurrence and Function of Yeasts in Asian Indigenous Fermented Foods*. FEMS Yeast Research 6:1, pp.30–9

檸檬酸 Berovic M, Legisa M. 2007. *Citric acid production*. Biotechnol Annu Rev. 13:303–343.

檸檬酸 Lotfy, W.A., Ghanem, K.M., El-Helow, E.R. 2007. *Citric acid production by a novel Aspergillus niger isolate: II. Optimization of process parameters through statistical experimental designs*. Bioresource Technology 98(18) 3470–3477.

貴腐酒 McCarthy, E., Ewing-Mulligan M. 2001. *French Wine for Dummies*. Pp. 73–77 Wiley Publishing.

漢遜氏德巴厘酵母菌 Fleet, G.H. 1990. *Yeasts in dairy products. Journal of Applied Bacteriology*. 68 (3): 199–211.

木糖醇 Prakash, G., Varma, A.J., Prabhune, A., et al. 2011. *Microbial production of xylitol from D-xylose and* sugarcane bagasse hemicellulose using newly isolated thermotolerant yeast Debaryomyces hansenii. Bioresour Technol, 2011, 102: 3304 3308.

靈芝 Karsten, P. 1881. Enumeratio Boletinarum et Polyporarum Fennicarum systemate novo dispositorum. Rev. Mycol. 3:16–18

洛克福耳青黴 ecosalon.com

墨西哥松露 gourmetsleuth.com

牛仔褲的起源 historyofjeans.com 迷幻菇 Letcher, A. 2006. Shroom: A cultural history of the magic mushroom. Faber and Faber, London

蝙蝠白鼻病 Wibbelt, G., Kurth, A., Hellmann, D., Weishaar, M., Barlow, A., Veith, M. et al. 2010. White-Nose Syndrome Fungus (Geomyces destructans) in Bats, Europe. Emerg Infect Dis. 16:1237–1242.

蝙蝠白鼻病 Blehert, D.S., Hicks, A.C., Behr, M., Meteyer, C.U., Berlowski-Zier, B.M., Buckles, E.L., Coleman, J.T.H., Darling, S.R., Gargas, A., Niver, R., Okoniewski, J.C., Rudd, R.J., Stone, W.B. 2009. Bat white-nose syndrome: an emerging fungal pathogen? Science 323(5911): 227.

史前真菌 Cai, C., Leschen, R.A.B., Hibbett, D.S., Xia, F., Huang, D. 2017. Mycophagous rove beetles highlight diverse mushrooms in the Cretaceous. Nature Communications doi: 10.1038/ncomms14894

菇類的毒與藥 Benjamin, D.R. 1995. Mushrooms: poisons and panaceas – a handbook for naturalists, mycologists and physicians. New York: WH Freeman and Company.

英國真菌學會 britmycolsoc.org.uk

生命百科 eol.org

禾穀鐮孢菌 Goswami, R.S., Kistler H.C. 2004. Heading for disaster: Fusarium graminearum on cereal crops. Molecular Plant Pathology 5, 515–525.

有害鐮孢菌 fao.org

藥用真菌 Halpern, G.M., Miller, A.H.

2002. Medicinal Mushrooms: Ancient Remedies for Modern Ailments. M. Evans & Company

生物農藥 Jin, X., Hayes, C.K., and Harman, G. E. 1991. Principle in the development of biological control system employing Trichoderma species against soil-bone pathogenic fungi. in: Frontiers in Industrial Mycology. GC Leatham. Ed., Chapma and Hall. Inc., London.

釀酒 Lichine, Alexis. 1967. Alexis Lichine's Encyclopedia of Wines and Spirits. London: Cassell & Company Ltd. pp. 562–563.

毛黴菌 Meinhardt, L.W., Rincones, J., Bailey, B.A., Aime, M.C., Griffith, G.W., Zhang, D., Pereira, G.A.G. 2008. Moniliophthora perniciosa, the causal agent of witches' broom disease of cacao: what's new from this old foe? Molecular Plant Pathology 9, 577–588.

有治療功效的食物百科 Murray, M., Pizzorno, J. 2012. The Encyclopedia of Healing Foods. 3rd Ed. New York: Simon & Schuste

希臘與埃及的菇歷史 blog. crazyaboutmushrooms.com

鐮孢菌分類歷史 Nelson, P.E. 1991. History of Fusarium systematics. Phytopathology. 81, 1045–1048.

真菌產生的神經毒 Plumlee, K.H., Galey, F.D. 1994. Neurotoxic Mycotoxins: A Review of Fungal Toxins That Cause Neurological Disease in Large Animals. J Vet Intern Med 1994;8:49–54.

葡萄酒 Robinson, J. (ed.) . 2006. The Oxford Companion to Wine" Third Edition pg 611–612 Oxford University Press

發酵豆腐的歷史 Shurtleff, W., Aoyagi, A History of fermented Tofu. Soyinfo Center. CA, USA

冬蟲夏草 Shrestha, B., Zhang, W., Zhang, Y., Liu, X. 2010. What is the Chinese caterpillar

fungus Ophiocordyceps sinensis (Ophiocordycipitaceae)? Mycology. 1, 228–236.

冬蟲夏草 economist.com

真菌介紹與應用 Stamets, P. 2015. Mycelium Running: How Mushrooms Can Help Save the World.

熱帶降雨與真菌疾病 Swinfield, T., Lewis, O.T., Bagchi, R., Freckleton, R.P. 2012. Consequences of changing rainfall for fungal pathogen-induced mortality in tropical tree seedlings. Ecology and Evolution 2: 1408–1413

真菌介紹與應用 Tsing, A.L. 2015. The Mushroom at the End of the World: On the Possibility of Life in capitalist ruins.

熱帶植物疾病 Thurston, H.D. 1998. Tropical Plant Diseases. American Phytopathological Society, St.Paul, MN.

樹上的巫婆掃帚 Farquharson, K.L. 2014.The Fungus, theWitches' Broom, and the Chocolate Tree: Deciphering the Molecular Interplay between Moniliophthora perniciosa and Theobroma cacao. The Plant Cell, 26: 4231

冷凍莢腐病 plantwise.org

葡萄酒的故事 Vintage, H.J. 1989. The Story of Wine. Simon and Schuster, pp185–188.

咖啡種植 Wellman, F.L. 1961. Coffee: Botany, Cultivation, and Utilization. Leonard Hill Books, Ltd., London.

美洲咖啡鏽病 Fulton, R.H.1984.Coffee Rust in the Americas. Symposium Book No.2 .American Phytopathological Society, St.Paul, MN.

拉丁美洲咖啡鏽病的衝擊 Schieber, E.1972. Economic impact of coffee rust in Latin America. Annu. Rev. Phytopathol. 10:491–510.

西半球的咖啡鏽病 Schieber, E., Zentmyer, G.A. 1984. Coffee rust in the Western Hemisphere. Plant Dis. 68:89–93.

麥角菌 White, J., Bacon, C., Hywel-Jones, N., Spatafora, J. 2003.

Clavicipitalean fungi: evolutionary biology, chemistry, biocontrol and cultural impacts. Marcel Dekker.

分解塑膠 Russell, J.R. et al. 2011. *Biodegradation of Polyester Polyurethane by Endophytic Fungi*. Appl. Environ. Microbiol. doi:10.1128/AEM.00521–11.

橡膠樹病 archive.org

真菌與古文明傳說 frontiers–of–anthropology.blogspot.tw

人類最早把蘑菇當成食物的科學證據 mpg.de

冰人奧茲 Pleszczy ska, M. et al. 2017. *Fomitopsis betulina (formerly Piptoporus betulinus): the Iceman's polypore fungus with modern biotechnological potential*. World J Microbiol Biotechnol. 33: 83.

真菌毒素 Peraica, M. et al. 1999. *Toxin effects of mycotoxins in humans*, Bulletin of the WHO, 77：754–766.

香蕉疾病 蔡雲鵬、黃明道、陳新評、劉盛興。1986。香蕉嵌紋病發生態。植物保護會刊 28：383–387。

香蕉疾病 Ordonez N, Seidl MF, Waalwijk C, Drenth A, Kilian A, Thomma BPHJ, et al. (2015) *Worse Comes to Worst: Bananas and Panama Disease—When Plant and Pathogen Clones Meet*. PLoS Pathog 11(11): e1005197.

稻米疾病 Bonman, J.M. 1992. *Rice Blast. In: Compendium of Rice Diseases. Eds. R.K. Webster and P.S. Gunnel*. American Phytopathological Society Press. St. Paul, Minnesota. USA. Pages 14–18.

稻熱病傳播 Howard, R.J. and B. Valent. 1996. *Breaking and entering: host penetration by the fungal rice blast pathogen*. Annual Review of Microbiology 50: 491–512.

稻熱病致病基因 Jia, Y., S.A. McAdams, G.T. Bryan, H.P. Hershey and B. Valent. 2000. *Direct interaction of resistance gene and avirulence gene product confers rice blast resistance*. EMBO Journal 19: 4004–4014.

稻熱病流行病學 Long, D.H., J.C. Correll, F.N. Lee, and D.O. TeBeest. 2001. *Rice blast epidemics initiated by infested rice grain on the soil surface*. Plant Disease 85: 612–616.

稻熱病致病基因 Orbach, M.J., L. Farrall, J.A. Sweigard, F.G. Chumley, and B. Valent. 2000. *A telomeric avirulence gene determines efficacy for the rice blast gene Pi–ta*. Plant Cell 12: 2019–2032.

紅麴 韓建文。1999。原生保健菌及紅麴菌相關食品技術分析與市場調查。食品工業發展研究所。

金黃青黴 Fleming, A. 1929. *On the Antibacterial Action of Cultures of a Penicillium, with Special Reference to their Use in the Isolation of B. influenzæ*. Br J Exp Pathol. 10(3): 226–236.

歐洲森林樹病。N. La Porta, P. Capretti, I.M. Thomsen, R. Kasanen, A.M. Hietala, and K. Von Weissenberg. 2008. *Forest pathogens with higher damage potential due to climate change in Europe*. Can. J. Plant Pathol. 30: 177–195.

臺灣根腐病 Chung, C–L, Huang, S–Y, Huang, Y–C, Tzean, S–S, Ann, P–J, Tsai, J–N, et al. 2015. *The Genetic Structure of Phellinus noxius and Dissemination Pattern of Brown Root Rot Disease in Taiwan*. PLoS ONE 10(10): e0139445.

環孢黴素在器官移植的應用 Kahan, B.D. 1999. *Cyclosporine: a revolution in transplantation*. Transplantation Proceedings, 31: (Suppl 1/2A), 14S–15S.

環孢黴素發現與發展 Borel, J.F., Kis, Z.L. 1991. *The discovery and development of cyclosporine (Sandimmune)*. Transplantation Proceedings, 23:1867–1874.

環孢黴素的歷史 Stähelin, H. F. (1996). *The history of cyclosporin A (Sandimmune®) revisited: another point of view*. Experientia, 52: 5–13.

蛙壺菌起源 Weldon, C., du Preez, L.H., Hyatt, A.D., Muller, R., Spears, R. 2004. *Origin of the amphibian chytrid fungus*. Emerging Infect. Dis. 10 (12): 2100–5.

東方蜂微粒子蟲 Higes, et al. 2009. *Honey bee colony collapse due to Nosema ceranae in professional apiaries*. Environmental Microbiology Reports. 1 (2): 110–113.

東方蜂微粒子蟲基因體研究 Cornman, et al. 2009. *Genomic analyses of the microsporidian Nosema ceranae, an emergent pathogen of honey bees*. PLoS Pathogens. 5 (6): e1000466.

晚疫病 Saville, A.C,, Martin, M.D., Ristaino, J.B. 2016. *Historic Late Blight Outbreaks Caused by a Widespread Dominant Lineage of Phytophthora infestans (Mont.) de Bary*. PLoS One. 11(12):e0168381.

愛爾蘭大饑荒 opensiuc.lib.siu.edu

禾生球腔菌會造成小麥葉枯病 apsnet.org

禾柄鏽菌導致小麥稈鏽病 apsnet.org

小麥德氏黴會造成小麥黃斑葉枯病 agriculture.vic.gov.au

發光類臍菇 mushroom–appreciation.com

嗜輻射真菌 Robertson, K.L., Mostaghim, A., Cuomo, C.A., Soto, C.M., Lebedev, N., Bailey, R.F., et al. *2012 Adaptation of the Black Yeast Wangiella dermatitidis to Ionizing Radiation: Molecular and Cellular Mechanisms*. PLoS ONE 7(11): e48674.

南極低溫黴 Pacelli, C., Selbmann, L., Moeller, R., Zucconi, L., Fujimori, A., Onofri, S. 2017. *Cryptoendolithic Antarctic Black Fungus Cryomyces antarcticus Irradiated with Accelerated Helium Ions: Survival and Metabolic Activity, DNA and Ultrastructural Damage*. Front Microbiol. 8: 2002.

謎樣低溫黴 Onofri, S. et al. 2008.

Resistance of Antarctic black fungi and cryptoendolithic communities to simulated space and Martian conditions. Stud Mycol. 61: 99–109.

真菌建材與包材 smithsonianmag.com

真菌燃料 www.livescience.com

環境清理 Jain, A., Yadav, S., Nigam, V.K., Sharma, S.R. 2017. Fungal–Mediated Solid Waste Management: A Review. In: Prasad R. (eds) Mycoremediation and Environmental Sustainability. Fungal Biology. Springer, Cham

栗樹枝枯病菌 columbia.edu

禾本科炭疽刺盤孢菌 extension.udel.edu

基因改造玉米 nature.com

類尼古丁農藥 efsa.europa.eu

玉米節壺菌 Arthur B. Hillegas, A.B. 1941. Observations on a New Species of Cladochytrium. Mycologia 33, 618–632

玉米葉點黴 Arny, D.C., Nelson, R.R. Phyllostica maydis species nova, the Incitant of Yellow Leaf Blight of Maize. Phytopathology 61, 1170–1172.

玉米頭孢黴 Molinero–Ruiz, M.L., Melero–Vara, J.M. Mateos, A. Cephalosporium maydis, the Cause of Late Wilt in Maize, a Pathogen New to Portugal and Spain. Plant Disease 94, 379

異螺旋孢腔菌 Yang, G., Turgeon, B.G., Yoder, O.C. 1994. Toxin–Deficient Mutants from a Toxin–Sensitive Transformant of Cochliobolus heterostrophus. Genetics. 137(3): 751–757

異螺旋孢腔菌 genome.jgi.doe.gov

菜豆炭疽病 Leach, J.G. 1922. The Parasitism of Colletotrichum Lindemuthianum (Sac. and Mag.) Bri. and Cav. Retrieved from the University of Minnesota Digital Conservancy, hdl.handle.net/11299/178127.

大豆炭疽病 Nene, Y.L., Srivastava,

S.S.L. 1971. Outbreak of new records. Plant Protection Bulletin, FAO, 19:66–7.

真菌發電 de Dios MÁ, F. et al. 2013. Bacterial–fungal interactions enhance power generation in microbial fuel cells and drive dye decolourisation by an ex situ and in situ electro–Fenton process. Bioresour Technol. 148:39–46

水晶蘭根菌 davidmoore.org.uk

樹的網際網路 www.bbc.com

來自海洋的新藥 Jones, E.B.G. 2000. Marine fungi: some factors influencing biodiversity. Fungal Diversity 4:53–73.

真菌纖維 www.fungi.com

高壓電放電的確實會讓香菇與靈芝的出菇量增加 news.nationalgeographic.com

針葉樹根腐病生物防治 Annesi, T., Curcio, G., D'Amico, L., Motta, E. 2005. Biological control of Heterobasidion annosum on Pinus pinea by Phlebiopsis gigantea. Forest Pathology 35, 127–134

金黃青黴防治 Pimenta, et al. 2008. Biological control of Penicillium italicum, P. digitatum and P. expansum by the predacious yeast Saccharomycopsis schoenii on oranges. Braz. J. Microbiol. 39

馬鈴薯黃萎病防治 黃秀華。1993 太陽能在土壤傳播性病害之應用。永續農業研討會專集。247~256。

決明子生物防治 Weete, J.D. 1992. Induced systemic resistance to Alternaria cassiae in sicklepod. Physiological and Molecular Plant Pathology 40, 437–445

空心蓮子草防治 Tan, W.Z., Li, Q.J., Qing, L. 2002. Biological control of alligatorweed (Alternanthera philoxeroides) with a Fusarium sp. BioControl 47, 463–479

絞殺藤防治 Charudattan, R. Use of plant pathogens as bioherbicides to manage weeds in horticultural crops. Proc. Fla. State Hort. Soc. 2005, 118,

208–214.

合萌生物防治 Smith, R.J. 1986. Biological control of northern jointvetch (Aeschynomene virginica) in rice (Orysa sativa) and soybeans (Glycine max)–a research's view. Weed Science, 34 (suppl. 1): 17–23.

鳳眼蓮防治 Charudattan, R. 2001. Biological Control of Water Hyacinth by Using Pathogens: Opportunities, Challenges, and Recent Developments. ACIAR proceedings 102, 21–28

輪葉黑藻的防治 Shearer, J.F. Biological Control of Hydrilla Using an Endemic Fungal Pathogen. J. Aquat. Plant Manage. 36: 54

豬草防治 Rosskopf, E.N., Charudattan, R., DeValerio, J.T. Stall, W.M. 2000. Field Evaluation of Phomopsis amaranthicola, A Biological Control Agent of Amaranthus spp. Plant Disease 84, 1225– 1230

白茅草防治 Yandoc, C.B., Charudattan, R., Shilling, D.G. 2005. Evaluation of Fungal Pathogens as Biological Control Agents for Cogongrass (Imperata cylindrica). Weed Technology. 19, 19–26

阻止其他酵母菌生長的殺手毒素 Schaffrath, R., Meinhardt, F., Klassen, R. 2018. Yeast Killer Toxins: Fundamentals and Applications. In: Anke T., Schüffler A. (eds) Physiology and Genetics. The Mycota (A Comprehensive Treatise on Fungi as Experimental Systems for Basic and Applied Research), vol 15. Springer, Cham

擬球藻屬用來控制一些植物的鏽病 Yuan, Z.W., Pei, M.H., Hunter, T., Ruiz, C., Royle, D.J. 1999. Pathogenicity to willow rust, Melampsora epitea, of the mycoparasite Sphaerellopsis filum from different sources. Mycological Research 103, 509–512.

專有名詞索引（依英文字母排序）

菇的呼風喚雨史（暢銷修訂版）

從餐桌、工廠、實驗室、戰場到農田，那些人類迷戀、依賴或懼怕的真菌與它們的祕密生活

作　　者	顧曉哲
繪　　者	林哲緯

總 編 輯	王秀婷
責任編輯	李　華
版　　權	徐昉驊
行銷業務	黃明雪、林佳穎

發 行 人	涂玉雲
出　　版	積木文化
	104台北市民生東路二段141號5樓
	電話：(02) 2500–7696｜傳真：(02) 2500–1953
	官方部落格：www.cubepress.com.tw
	讀者服務信箱：service_cube@hmg.com.tw
發　　行	英屬蓋曼群島商家庭傳媒股份有限公司城邦分公司
	台北市民生東路二段141號2樓
	讀者服務專線：(02)25007718–9｜24小時傳真專線：(02)25001990–1
	服務時間：週一至週五09:30–12:00、13:30–17:00
	郵撥：19863813｜戶名：書虫股份有限公司
	網站：城邦讀書花園｜網址：www.cite.com.tw
香港發行所	城邦（香港）出版集團有限公司
	香港灣仔駱克道193號東超商業中心1樓
	電話：+852–25086231｜傳真：+852–25789337
	電子信箱：hkcite@biznetvigator.com
馬新發行所	城邦（馬新）出版集團 Cite（M）Sdn Bhd
	41, Jalan Radin Anum, Bandar Baru Sri Petaling, 57000 Kuala Lumpur, Malaysia.
	電話：(603) 90578822｜傳真：(603) 90576622
	電子信箱：cite@cite.com.my

城邦讀書花園
www.cite.com.tw

【印刷版】 Printed in Taiwan.
製版印刷　上晴彩色印刷製版有限公司
2018年11月1日　初版一刷
2021年6月29日　二版一刷
售　價／NT$480
ISBN　978-986-459-324-8

【電子版】
2021年7月
ISBN　978-986-459-323-1（EPUB）

國家圖書館出版品預行編目資料

菇的呼風喚雨史：從餐桌、工廠、實驗室、戰場
到農田,那些人類迷戀、依賴或懼怕的真菌與它們
的祕密生活 = Beckoning the wind, summoning
the rain.stories of mushroom/顧曉哲著；林哲緯
繪. -- 二版. -- 臺北市：積木文化出版：英屬蓋曼
群島商家庭傳媒股份有限公司城邦分公司發行,
2021.06　面；　公分
ISBN 978-986-459-324-8(平裝)
1.菇菌類 2.通俗作品

379.1　　　　　　　　　　　　　　110008876